W0258152

MATHEMATISCHE SCHÜLERBÜCHEREI

Belkner, Determinanten
Nr. 33   96 Seiten   665 100 1

Belkner, Matrizen
Nr. 48   96 Seiten   665 552 0

**Deweß/Deweß, Summa summarum/Kostproben
unterhaltsamer Mathematik**
Nr. 125   92 Seiten   666 317 6

Gelfand/Glagolewa/Kirillow, Die Koordinatenmethode
Nr. 41   75 Seiten   665 107 9

**Gelfand/Glagolewa/Schnol, Funktionen und ihre graphische
Darstellung**
Nr. 58   127 Seiten   665 600 5

Hasse, Grundbegriffe der Mengenlehre und Logik
Nr. 2   84 Seiten   665 084 2

Jaglom, Ungewöhnliche Algebra
Nr. 83   95 Seiten   665 789 2

Kadeřávek, Geometrie und Kunst in früherer Zeit
in Vorbereitung

Kantor/Solodownikow, Hyperkomplexe Zahlen
Nr. 95   156 Seiten   665 871 3

Kästner/Göthner, Algebra – aller Anfang ist leicht
Nr. 107   155 Seiten   666 138 1

**Krysicki, Keine Angst vor x und y/Quadratische
Gleichungen und Gleichungssysteme**
Nr. 119   108 Seiten   666 186 7

**Kudrjavzev, Gedanken über moderne Mathematik
und ihr Studium**
Nr. 112   140 Seiten   666 077 6

BSB B. G. TEUBNER VERLAGSGESELLSCHAFT LEIPZIG

JÜRGEN FLACHSMEYER
UWE FEISTE
KARL MANTEUFFEL

Mathematik und ornamentale Kunstformen

MIT 101 ABBILDUNGEN

SPRINGER FACHMEDIEN WIESBADEN GMBH 1990

MATHEMATISCHE SCHÜLERBÜCHEREI · Nr. 148

Bildnachweis:
[8] : 84, 89, 91, 93 (© 1988 M.C.Escher Heirs/Cordon Art-Baarn-Holland)
[19]: 53, 54a, 54b, 94a, 94c, 97, 98
[20]: 2
U. Diedrich, Magdeburg: 48, 49, 50, 51, 52, 54c, 54d, 94b, 95, 96
K.-H. Werler, Magdeburg: 99
Autoren: 1, 14, 25, 68, 83, 100, 101

Den Umschlag gestaltete E. Kretschmer, Leipzig

Für die freundliche Unterstützung danken Autoren und Verlag: Herrn
R. Lukowitz, Bürgermeister der Stadt Quedlinburg, Frau U. Wagner, Direk-
torin des Schloßmuseums in Quedlinburg, Herrn Propst B. Brinksmeier,
Pfarrer am Dom zu Quedlinburg, Frau A. Voß, Quedlinburg, Herrn Doz.
Dr. U. Diedrich, Magdeburg, Herrn Prof. (em.) Dr. K.-H. Werler, Magdeburg,
und dem Museum für Völkerkunde, Leipzig.

Die Ornamente und Verzierungen stammen von den Quedlinburger Wohn-
häusern Steinweg 24, August-Wolf-Str. 3, Grünhagenhaus Markt 2, Guts-
Muths-Str. 6, Hohe Str. 8, Gildehaus „Zur Rose" Breite Str. 39 und aus dem
Quedlinburger Dom.

Flachsmeyer, Jürgen:
Mathematik und ornamentale Kunstformen / J. Flachsmeyer; U. Feiste;
K. Manteuffel. – 1. Aufl. – 140 + 8 S.: 101 Abb.
(Mathematische Schülerbücherei; 148)
NE: Feiste, Uwe; Manteuffel, Karl; GT

ISBN 978-3-322-00679-0   ISBN 978-3-663-12236-4 (eBook)
DOI 10.1007/978-3-663-12236-4

Math.Sch.büch.
ISSN 0076-5449
© Springer Fachmedien Wiesbaden 1990
Ursprünglich erschienen bei BSB B. G. Teubner Verlagsgesellschaft, Leipzig, 1990

1. Auflage
VLN 294-375/58/90 · LSV 1009
Lektor: Jürgen Weiß
Bestell-Nr. 666 514 7

Vorwort

Wissenschaft und Kunst sind wesentliche Komponenten der menschlichen Kultur, die sich beide ursprünglich unabhängig voneinander entwickelten. Doch nach und nach kam es in immer stärkerem Maße zu Verbindungen, zu gegenseitiger Beeinflussung, wobei die geometrische Figur eine wichtige Brücke für die Beziehungen zwischen Mathematik und Kunst war.

Was kann die Mathematik in der Kunst leisten, speziell in der Ornamentik? Mathematik erforscht konkrete und abstrakte, endliche und unendliche Strukturen. Ornamente sind durch ihren weitestgehend symmetrischen Aufbau strukturiert. Die Herausarbeitung solcher Zusammenhänge – vom Standpunkt der Geometrie und der Gruppentheorie aus – ist das Anliegen dieses Buches.

Wir haben unsere Ausführungen so angelegt, daß man ihnen unter Benutzung der Schulkenntnisse folgen kann und zwei verschiedene Lesergruppen angesprochen werden: Leser, die sich vorrangig den Figuren, Ornamenten sowie deren Strukturen widmen und daran Freude haben, ohne in alle mathematischen Details der Betrachtungen einzudringen, und natürlich mathematisch interessierte Leser. Ihnen bietet sich gewissermaßen eine bebilderte Einführung in die Gruppentheorie, die anhand von Symmetrieabbildungen entwickelt wird. Aus dem Schulunterricht bekannte Kongruenzbetrachtungen werden hier durch reiches Beispielmaterial ergänzt. Wir wünschen unseren Lesern viel Freude und Erfolg!

Abschließend möchten wir all jenen danken, die uns mit Rat und Tat bei der Abfassung des Buches behilflich waren. Besonderer Dank gilt Herrn J. WEISS, Leipzig, auf dessen Anregung das Buch geschrieben wurde.

Greifswald/Magdeburg, im März 1989

JÜRGEN FLACHSMEYER
UWE FEISTE
KARL MANTEUFFEL

Inhalt

1. Die Symmetrie als künstlerisches und mathematisches Moment 5

2. Mathematische Vorbereitungen über Abstand, Orientierung und Abbildungen 16

3. Die ebenen Isometrien als Bewegungen 22
3.1. Isometrien 24
3.2. Geradenspiegelungen 27
3.3. Verschiebungen, Translationen 30
3.4. Drehungen 32
3.5. Charakterisierung der Isometrien durch Fixpunkteigenschaft . 35
3.6. Schubspiegelungen 37

4. Die Gruppe Mot(E) der ebenen Bewegungen . . . 42
4.1. Gruppenaxiome 42
4.2. Transformationsgruppen, Permutationsgruppen, allgemeiner Gruppenbegriff 44
4.3. Potenzrechnung in einer Gruppe 49
4.4. Zyklische und diedrale Gruppen 51
4.5. Multiplikationstafel für die Bewegungsgruppe der Ebene . . . 58
4.6. Untergruppen und Normalteiler, endliche Untergruppen von Mot(E) 62

5. Die Friesgruppen, Streifenornamente 71
5.1. Gruppentheoretische Klassifizierung der Streifenornamente . 71
5.2. Künstlerische Beispiele zu den Streifenornamenten 79

6. Die Wandmustergruppen, Flächenornamente . . 90
6.1. Zur gruppentheoretischen Klassifizierung der Wandmuster . . 90
6.2. Reguläre und halbreguläre Mosaike und ihre Ornamentgruppen 111
6.3. M. C. Escher und regelmäßige Flächenaufteilungen 117
6.4. Künstlerische Beispiele zu den Flächenornamenten 127

7. Ornamente und Computergrafik 133

Literatur 138

Namen- und Sachverzeichnis 139

1. Die Symmetrie als künstlerisches und mathematisches Moment

Heutzutage ist unser Leben ohne Wissenschaft überhaupt nicht mehr denkbar: auf Schritt und Tritt begegnet man ihrem Einfluß, jeder kann sich mühelos davon überzeugen. Daß der gesamte Tagesablauf durch und durch von Früchten der Wissenschaft beherrscht wird, war aber nicht immer so und gilt auch nicht überall. Beispielsweise leben Indianer in Brasilien oder Ureinwohner Neuseelands bisweilen noch in ursprünglichen Naturzuständen, die nur ansatzweise Spuren der Wissenschaft tragen. Dort bestimmt das Elementargeschehen den Ablauf. Dort nimmt dann auch die Kunst einen viel größeren Raum im Leben ein als in unseren Breiten.
Bei Naturvölkern spielte zunächst der Körperschmuck die herausragende Rolle. Beredtes Beispiel dafür ist eine Begebenheit, welche CHARLES DARWIN während seiner Weltumsegelung 1833 widerfuhr, als er einem frierenden Feuerländer eine bunte Decke schenkte, damit dieser Schutz vor Kälte finde, der Beschenkte aber die Decke in Streifen zerriß, um sich damit zu schmücken. Stufenweise kam der Mensch dann vom Körperschmuck zum Schmücken seiner Geräte, Waffen und Bauten. So ist es sicher eines der menschlichen Grundbedürfnisse, sich, seine Werkzeuge und Wohnstätten zu schmücken oder zu verzieren. Nach und nach geriet die Hervorbringung von Verzierungen und Schmuckformen immer mehr in das Fahrwasser der Wissenschaft, wobei die Idee der *Symmetrie* eine tragende mathematische Komponente war. Dieses Wort kommt aus dem Griechischen und setzt sich aus den beiden Teilen συμ sowie μέτρον zusammen. (Die Vorsilbe bedeutet „mit“ und der andere Bestandteil „Maßstab oder allgemeines Maß“.) Die Bezeichnung Meter ist von letzterem abgeleitet. Folglich heißt das Wort *Symmetrie*: „mit einem gemeinsamen Maß“ ausgestattet sein. Im klassischen Altertum benutzte der durch seinen „Lanzenträger“ berühmte Erzgießer POLYKLET (um 500 v. u. Z.) in einem Lehrwerk über Proportionen den Symmetriebegriff. In einem gewissen Grade ist dort die Schönheit an Symmetrie gebunden. Der griechische Philosoph ARISTOTELES, der mit seinem Lehrer PLATO die Weltherrschaft des griechischen Geistes im 4. Jahrhundert v. u. Z. begründete, zählt zu den drei Hauptformen der Schönheit die Ordnung, die Symmetrie und die Bestimmtheit. Die Symmetrie beinhaltet

eine Harmonie, welche in einer räumlichen oder zeitlichen Wiederkehr wurzelt. Manchmal wird demgemäß als schlagwortartige Begriffsbestimmung für Symmetrie der Bezug auf die Wiederholung von Gleichartigem gewählt. Die Natur bedient sich oftmals eines symmetrischen Aufbaus, so daß der Mensch zwangsläufig zur Idee der Symmetrie geführt wird und symmetrische Formen als ästhetisch wohltuend, als harmonisch empfindet. Jeder kann bei sich selbst beobachten, daß symmetrische Regelmäßigkeit (Abb. 1)

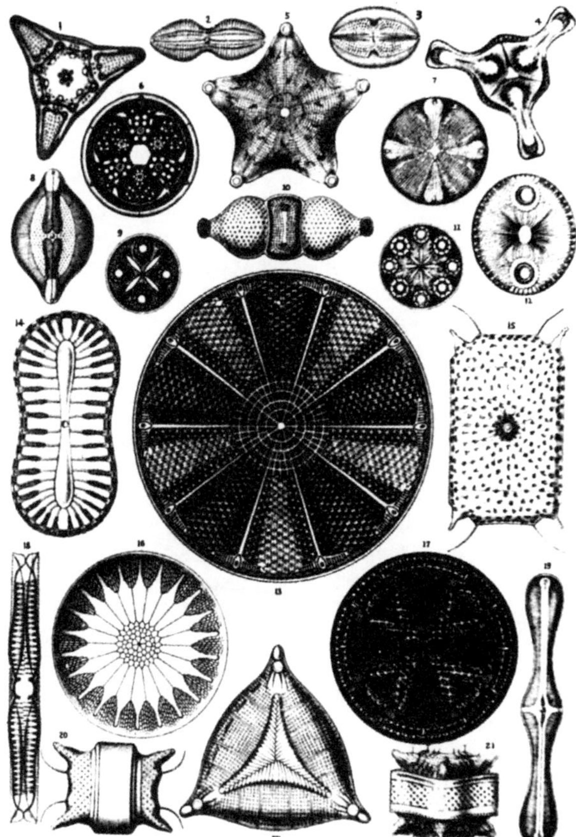

Abb. 1. Symmetriebeispiele aus Natur und Kunst

stärker unser Interesse auf sich zieht als das Fehlen von Symmetrie.

Viele Bauwerke und Statuen, Muster auf Textilien, Teppichen, Stickereien, Häkeleien, Tapeten usw. bezaubern uns gerade wegen ihrer vielseitigen Symmetrien. Wenn auch die Natur in der Gestaltung von unbelebten Gebilden, wie etwa den Kristallen, oder von Lebewesen Symmetriebauplänen zu folgen scheint, so kommen durch mancherlei zufällige äußere Störungen doch mehr oder weniger deutliche Abweichungen von der strengen Symmetrie vor. Bei manchen künstlerischen Darstellungen ist als besonderer Reiz sogar bewußt eine Symmetriebrechung in die symmetrischen Grundformen eingefügt. Wir werden hier den künstlerischen und wissenschaftlichen Wert spezieller Symmetriebrechungen nicht weiter verfolgen, weil wir uns erst einmal die ungestörte Symmetrie möglichst weit erschließen wollen.

Eine strenge Befolgung der Symmetrie wird mitunter geradezu als künstlerisch starr empfunden, wie sich anhand zahlreicher Aussagen belegen läßt. So heißt es beispielsweise im ersten Band des Romans „Die Elenden" von VICTOR HUGO: „Nichts beengt das Herz so sehr wie Symmetrie. Symmetrie ist Langeweile und Langeweile der Ursprung der Trauer. Die Verzweiflung gähnt."

Vorwiegend unter den modernen Künstlern ist oftmals ein eigenartig gespaltenes Verhältnis zur Symmetrie festzustellen. Nicht wenige von ihnen meinen, auf „freier" Gestaltung beharren zu müssen und empfinden objektiv ordnende Gesetzlichkeit, wie sie vom Symmetrieprinzip ausgeht, als einen Zwang, der ihre künstlerische, lebendige Intuition stark beschränkt. VICTOR HUGOS Formulierungen bringen dies überspitzt zum Ausdruck. In voller Konsequenz hat HUGO diesen Standpunkt ohnehin bei sich selbst nicht aufrecht erhalten, sonst hätte er in seinem Roman „Notre-Dame von Paris" nicht so viele bewundernde Worte über dieses majestätische Bauwerk gefunden und die Fassade mit den drei Spitzbogenportalen und der gewaltigen Rosette als eine der herrlichsten Ruhmestaten der Baukunst gepriesen. Auch viele Künstler unserer Tage gehören zu den bewußtesten Vertretern jener Gruppierungen, die sich dem bedenkenlosen Gebrauch und auch dem Mißbrauch der Wissenschaft in der modernen Gesellschaft entgegenstellen. Falls dies aber mit einem Sichsperren gegen ausgewogenes Zusammengehen von Kunst und Wissenschaft einhergeht, steht man nach Überzeugung der Verfasser außerhalb des natürlichen Entwicklungsstromes. Andererseits läßt sich ein Kunstwerk nicht auf wissenschaftliche und deshalb auch nicht auf mathematische Chiffren reduzieren, denn seine unmittelbare Wirkung widersetzt sich in beträchtlichem Maße der analytischen Durchdringung. Wir reden hier keineswegs einer Überbetonung der Rolle der Mathematik in der Kunst das Wort, jedoch halten wir die Hinzuziehung mathematischer Betrachtungen bei den Ornamenten, speziell der Symmetriebetrachtungen, für unabweisbar.

THOMAS MANN läßt sich in seinem Roman „Der Zauberberg" über „tote Symmetrie" und „hexagonales Unwesen" wie folgt vernehmen: „... und unter den Myriaden von Zaubersternchen in ihrer untersichtigen, dem Menschenauge nicht zugedachten, heimlichen

Kleinpracht war nicht eines dem anderen gleich; eine endlose Erfindungslust in der Abwandlung und allerfeinsten Ausgestaltung eines und immer desselben Grundschemas, des gleichseitig-gleichwinkligen Sechsecks, herrschte da; aber in sich selbst war jedes der kalten Erzeugnisse von unbedingtem Ebenmaß und eisiger Regelmäßigkeit, ja, dies war das Unheimliche, Widerorganische und Lebensfeindliche daran; sie waren zu regelmäßig, die zum Leben geordnete Substanz war es niemals in diesem Grade, dem Leben schauderte vor der genauen Richtigkeit, es empfand sie als tödlich, als das Geheimnis des Todes selbst, und HANS CASTORP glaubte zu verstehen, warum Tempelbaumeister der Vorzeit absichtlich und insgeheim kleine Abweichungen von der Symmetrie in ihren Säulenordnungen angebracht hatten."
Bauten der Gotik weisen im hohem Maße Symmetrien auf, sowohl insgesamt als auch in Einzelheiten (Fenster, Türen, Gewölbe usw.). Oft wird der Variantenreichtum der Symmetrien noch durch Benutzung verschiedener Farben erweitert, besonders bei Textilien und auch bei Glasfenstern. So haben islamische und maurische Baumeister bei ihren Gebäuden geradezu in Farbgebungen geschwelgt.
Mit künstlerischem Einfallsreichtum und wissenschaftlicher Denkkraft wurde die Welt der Symmetrie immer mehr durchforstet, aber erst im 19.Jahrhundert sind die mathematisch strengen Beweise für eine vollständige Übersicht über die Symmetrietypen der ebenen Gebilde erbracht worden. In das mathematische Allgemeingut gingen diese Erkenntnisse durch Wiederentdeckung gar erst 1924 ein. Regelmäßige ebene Vier-, Acht- und Sechzehnecke finden sich schon in der altägyptischen Kultur: entsprechende Wanddekorationen haben ein Alter von mehr als 4 000 Jahren. Das regelmäßige Fünfeck erscheint später bei den Babyloniern, während seine Konstruktion mit Zirkel und Lineal erst von den Griechen ausgeführt wurde. Bis zu GAUSS' Zeiten war man der Ansicht, daß ein regelmäßiges n-Eck, n Primzahl >5, nicht mit Zirkel und Lineal konstruierbar ist. Der 18jährige CARL FRIEDRICH GAUSS (1777–1855) bewies aber die Möglichkeit der Konstruktion des Siebzehnecks und ermittelte sogar, welche regelmäßigen n-Ecke konstruierbar sind. Entwicklungsgeschichtlich gesehen war die Kunst der Wissenschaft in der Behandlung beschränkter symmetrischer Figuren also eindeutig voraus. Die systematische wissenschaftliche Bearbeitung erschloß hingegen den Künstlern vollständig den symmetrischen Formenreichtum der beschränkten Figuren. LEONARDO DA VINCI (1452–1519) und ALBRECHT DÜRER (1471–1528) sind Künstler von

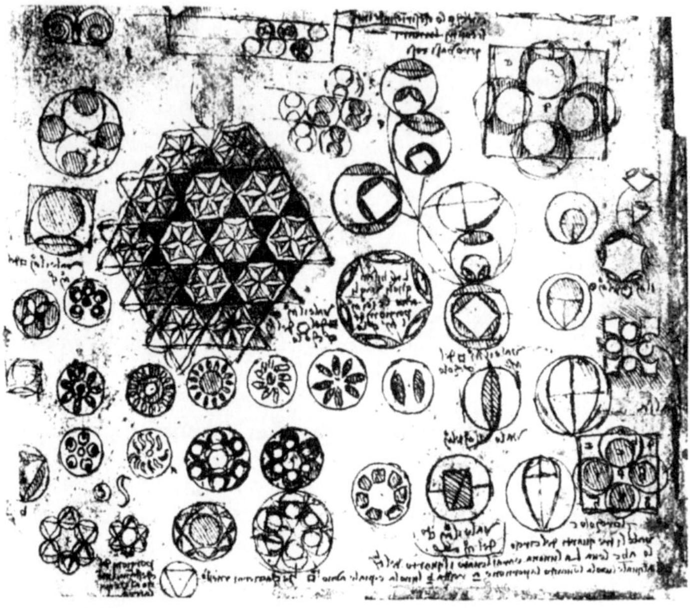

Abb. 2. Symmetrische Figuren in Skizzen von Leonardo da Vinci (aus seinen „Ludi geometrici")

hohem mathematischem Rang, die für eine wissenschaftlich konstruktive Durchdringung der Malerei eintraten (Abb. 2, 3). Dürers Lehrbuch „Underweysung der messung mit dem zirckel un richtscheyt in Linien ebnen unnd gantzen corporen" enthält viele Beispiele zur Konstruktion symmetrischer Schmuckformen.
Was die sich ins Unendliche erstreckenden symmetrischen Figuren angeht, die Ebene ausfüllende Muster, so klafft hier ein noch weitaus größerer Unterschied zwischen frühzeitlicher künstlerischer Bearbeitung und späterer wissenschaftlich ordnender Durchdringung. Lediglich Pythagoras beschäftigte sich im klassischen Altertum mit der Frage, welche Möglichkeiten zur sogenannten regulären Flächenzerlegung durch kongruente regelmäßige n-Ecke existieren. Dabei fordert man die Benutzung eines einzigen Bausteintyps und das Zusammenstoßen der Bausteine in Ecken und längs ganzer Kanten. Einfache Winkelbetrachtungen liefern das von Pythagoras erörterte Resultat: Als Lösungen kommen nur das trigonale Netz (Felderung durch gleichseitige Dreiecke), das qua-

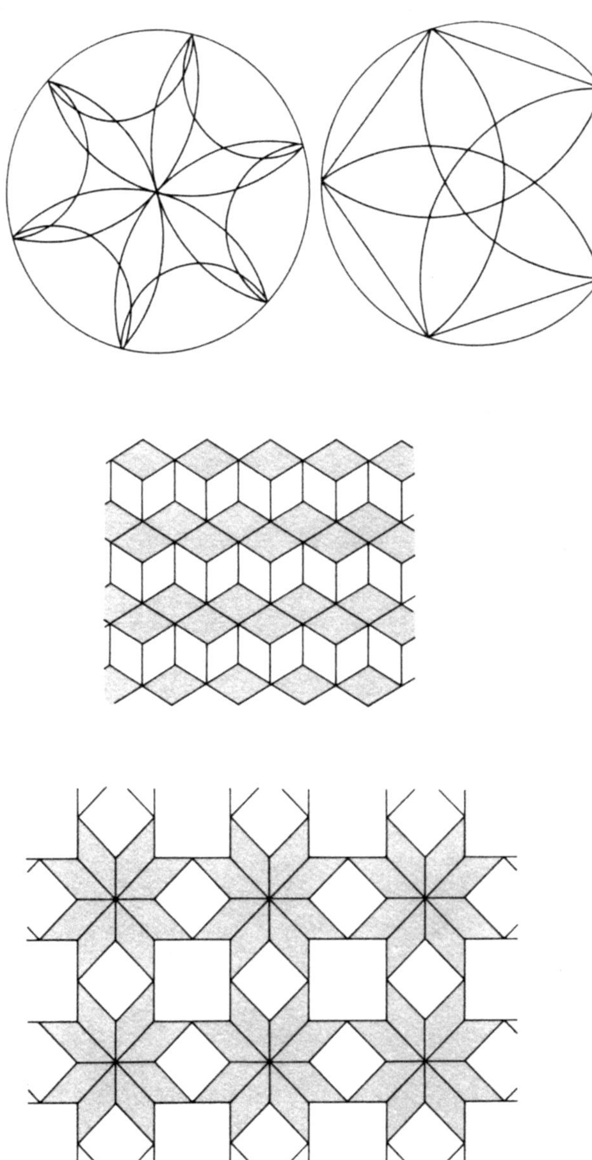

Abb. 3. Dürersche Zirkelornamente und Parkette

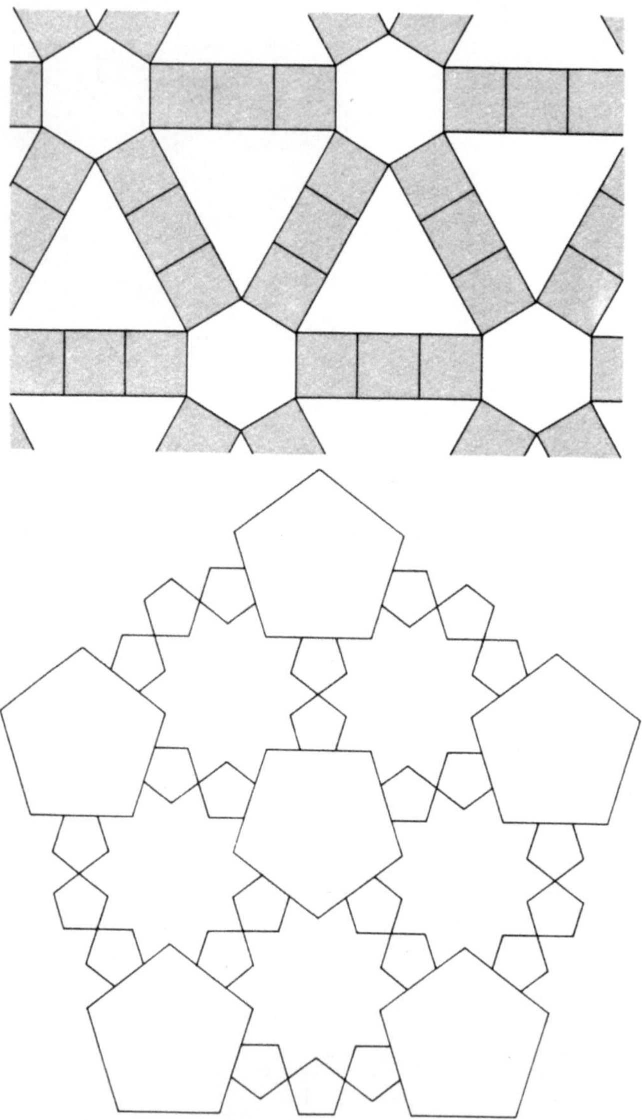

Abb. 4. Zwei der Keplerschen Parkette, die über die halbregulären Parkette hinausgehen (das erste benutzt die harmonischen Grundfiguren Dreieck, Quadrat, Sechseck; das zweite wird aus den harmonischen Grundfiguren reguläres Fünfeck – in zweierlei Größen – und Sternzehneck aufgebaut)

dratische Netz (Felderung durch quadratische Karos) und das hexagonale Netz (Felderung durch regelmäßige Sechsecke, Bienenwabenmuster) in Frage. Der als bedeutendster Mathematiker des Altertums angesehene ARCHIMEDES widmete sich der Parkettierungsfrage der Kugelfläche, wobei auch unterschiedliche Bausteine zugelassen waren. Das entsprechende Problem für die Ebene fand seine erste Lösung durch den berühmten Astronomen JOHANNES KEPLER (1571–1630). Dessen gewaltiges Werk „Harmonice mundi" von 1619, das erst 1939 vollständig ins Deutsche übersetzt wurde, behandelt im 2. Buch die Kongruenz der harmonischen Figuren und gibt einen bedeutenden Einblick in regelmäßige Flächenaufteilungen (Abb. 4).
Altägyptische und altchinesische künstlerische flächendeckende Dekorationen müssen über den ästhetischen Eindruck hinaus, den

Abb. 5. Ein Mosaik aus der Alhambra

sie vermitteln, als hervorragende empirische mathematische Leistungen in der Aufdeckung möglicher Symmetrietypen angesehen werden. Die arabische und islamische Ornamentik führte die ägyptische Kunst zu bestechender Höhe. Den Gipfelpunkt auf diesem Feld brachte wohl die maurische Baukunst und Raumgestaltung. In der Alhambra-Moschee bei Granada (erbaut um 1400) haben die Mauren mit ihrer Schöpferkraft und Erfindungskunst bei der Konstruktion von flächendeckenden Mustern wahre Glanzleistungen vollbracht (Abb. 5).

Ihnen ist die größte Fülle der die Ebene bedeckenden Symmetrietypen (zweidimensionale Symmetrietypen) gelungen. Damit haben sie in impliziter Form ein Stück höherer Mathematik in künstlerischem Gewande erarbeitet und zwar auf beeindruckend hohem Niveau. Der davon ausgegangene Einfluß lebt bis in unsere Tage fort, was nicht zuletzt die Begriffe Arabeske und Maureske für gewisse ornamentale Schmuckformen belegen. Mathematisch weniger anspruchsvoll ist die Ermittlung aller eindimensionalen Symmetrietypen in der Ebene, d. h. jener Symmetrietypen, die einen ebenen Streifen ausfüllen können. Diese Aufgabe haben chinesische, japanische und griechische Künstler des Altertums in Gestalt von Bandornamenten auf Wandfriesen und Vasendekorationen bewältigt (Abb. 6).

Heute gibt es eine vielfältige Literatur über Ornamente. Beispielsweise ist in Leipzig 1983 und 1986 F. S. MEYERS „Systematisch geordnetes Handbuch der Ornamentik zum Gebrauche für Musterzeichner, Architekten, Schulen und Gewerbetreibende sowie zum Studium im Allgemeinen", das 1927 schon in 12. Auflage erschienen war, wieder herausgebracht worden. Es umfaßt die Abteilungen:

die Grundlagen des Ornaments oder Motive,

Abb. 6. Einige griechische Bandornamente

das Ornament als solches und
angewandte Ornamentik.
Dieses Buch sollten jene Leser zu Rate ziehen, die sich über die künstlerische Seite der Ornamentik noch ausführlicher informieren möchten.
Ein geeignetes Werkzeug zur mathematischen Behandlung der ornamentalen Kunstformen ist die Gruppentheorie, die im 18. Jahrhundert im Zusammenhang mit der Auflösungstheorie von Gleichungen entstanden war. Bevor die Gruppentheorie zur Aufklärung von Ornamentsymmetrien herangezogen wurde, fand sie eine erste außermathematische Anwendung in der Kristallographie zum Studium der möglichen Kristallsymmetrien (E. S. FEDOROV 1891, A. SCHOENFLIES 1891). Den Brückenschlag von der Gruppentheorie zur Ornamentik stellte G. POLYA 1924 her. Eine erste lehrbuchmäßige Darstellung gab dann der Schweizer Mathematiker A. SPEISER 1927 in der 2. Auflage seines Werkes „Die Theorie der Gruppen von endlicher Ordnung" [17].
Innerhalb der Mathematik hatte schon 1872 der deutsche Geometer FELIX KLEIN (1849–1925) auf die Gruppentheorie als ein ordnendes Prinzip in der Geometrie hingewiesen. In seinem berühmten „Erlanger Programm" legte er als junger Mathematiker – anläßlich seines Eintritts in die Erlanger Universität als neu berufener Professor – dar, daß die bis dahin bekannten Geometrien sich als Invariantentheorie von speziellen Transformationsgruppen beschreiben lassen. So ist die euklidische Geometrie der Ebene und des Raumes die Theorie der Bewegungsgruppen der Ebene und des Raumes. Es zeigte sich, daß bei der mathematischen Untersuchung der Ornamente gewisse Untergruppen der Bewegungsgruppe der Ebene – die sogenannten Rosettengruppen, Friesgruppen und Wandmustergruppen – das entscheidende Hilfsmittel sind. Diese Gruppen erfassen die in den Ornamenten waltenden Symmetrieformen.

2. Mathematische Vorbereitungen über Abstand, Orientierung und Abbildungen

Bei der Betrachtung ornamentaler Kunstformen aus mathematischer Sicht ist es unumgänglich, sich eines gewissen mathematischen Vokabulars zu bedienen. Wir wollen jedoch den Leser keinesfalls mit einer Fülle von abstrakten mathematischen Begriffsbildungen überschütten, ganz im Gegenteil. Dieser Abschnitt dient der Wiederholung von Begriffen, die im wesentlichen schon aus dem Mathematikunterricht bekannt sind. Dabei wird an manchen Stellen absichtlich auf die in vielen Lehrbüchern übliche mathematisch strenge Darstellungsweise verzichtet. Wir hoffen, dadurch das Studium dieses Buches zu erleichtern.

Alle unsere Betrachtungen werden in einer Ebene durchgeführt. Diese wollen wir durch ein Symbol bezeichnen, sagen wir E. Die Punkte der Ebene nennen wir immer P, Q, R, ... und die Geraden g oder h (falls wir mehr als zwei Geraden benötigen, benutzen wir auch die Symbole g_1, g_2, g_3, ... bzw. h_1, h_2, h_3, ...). Den Sachverhalt, daß ein Punkt P auf einer Geraden g liegt bzw. eine Gerade g durch den Punkt P verläuft, drücken wir durch $P \in g$ (P ist ein Element von g) aus. Eine Teilmenge $M \subset E$ der Ebene E mit mehr als einem Punkt nennen wir *kollinear* (kol linear (lat.): voll geradlinig), wenn es eine Gerade g gibt, auf der alle Punkte von M liegen. Andernfalls nennen wir $M \subset E$ nicht kollinear.

Mittels eines kartesischen Koordinatensystems in einer Ebene kann man jeden Punkt P durch sein *Koordinatenpaar* (x, y) beschreiben, wobei die Koordinaten x und y reelle Zahlen sind ($x, y \in \mathbb{R}$); vgl. Abb. 7.

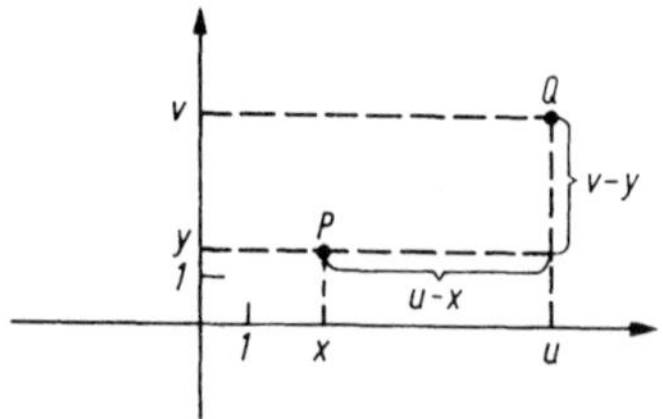

Abb. 7. Kartesisches Koordinatensystem in der Ebene, Koordinatenpaare von Punkten

Die Beschreibung der Punkte durch ihr Koordinatenpaar ermöglicht zum einen die rechnerische Ermittlung des *Abstandes* von zwei Punkten $P = (x, y)$ und $Q = (u, v)$:

$$|P, Q| = \sqrt{(x - u)^2 + (y - v)^2}\,.$$

Andererseits kann man dadurch die Geraden g auch als eine Menge von Punkten beschreiben, deren Koordinaten eine lineare Gleichung $Ax + By = C$ erfüllen. A, B und C sind dabei reelle Zahlen, welche durch die Gerade g bestimmt werden, wobei wenigstens A oder B ungleich Null sein muß. Wir können somit jede Gerade g als $g = \{(x, y) : Ax + By = C\}$, $(A, B) \neq (0, 0)$, schreiben. g geht genau dann durch den Koordinatenursprung, wenn $C = 0$ ist. $A = 0$ kennzeichnet die Parallelen zur x-Achse. Entsprechend sind die Parallelen zur y-Achse durch $B = 0$ festgelegt. Für drei Punkte P,

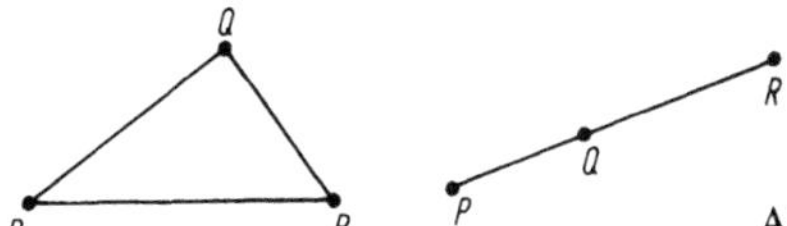

Abb. 8. Zur Dreiecksungleichung

Q, R (Abb. 8) gilt hinsichtlich ihres gegenseitigen Abstandes immer die *Dreiecksungleichung*

$$|P, R| \leqq |P, Q| + |Q, R|.$$

Liegt der Punkt Q auf der Verbindungsstrecke von P und R, so wird aus der Dreiecksungleichung die Gleichung

$$|P, R| = |P, Q| + |Q, R|.$$

Diese Überlegung gibt Anlaß zu folgender Festlegung:
Ein Punkt $Q \in E$ liegt *zwischen* den Punkten P, $R \in E$, wenn $P \neq Q$, $R \neq Q$ und $|P, R| = |P, Q| + |Q, R|$. Wir schreiben dafür (P, Q, R). Mit der Zwischenbeziehung haben wir ein Mittel in der Hand, die aus der Anschauung bekannten Begriffe „Strecke" und „Strahl" mathematisch zu definieren. Die *Strecke* $\overline{PR}$ besteht aus den Punkten P, R und allen Punkten Q zwischen P und R. Unter der *Streckenlänge* $|\overline{PR}|$ verstehen wir dann wie üblich den Abstand der Endpunkte P und R, d. h. $|\overline{PR}| = |P, R|$. Ein *Strahl* $\mathrm{St}(P, R)$ mit dem Anfangspunkt P, der durch den Punkt R verläuft, wird dann durch die Punkte P, R und Q gebildet, wobei Q zwischen P und R oder R zwischen P und Q liegt, d. h.

$$\mathrm{St}(P, R) = \{Q \in E : Q = P \text{ oder } Q = R \text{ oder } (P, Q, R) \text{ oder } (P, R, Q)\}.$$

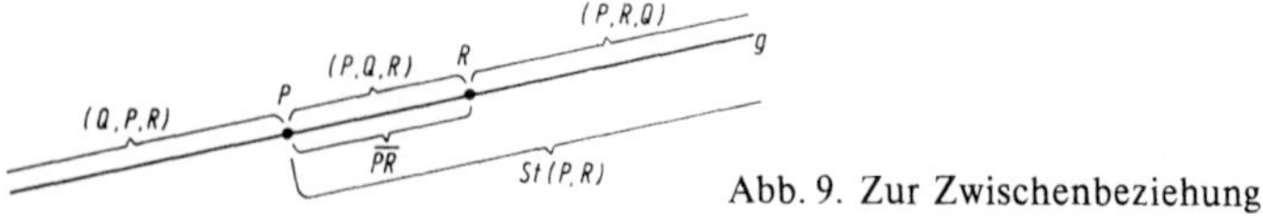

Abb. 9. Zur Zwischenbeziehung

Schließlich sei noch darauf hingewiesen, daß man auch eine Gerade g, auf der die Punkte P und R liegen, durch die Zwischenbeziehung erklären kann (Abb. 9). Wir erhalten dann

$$g = \{Q \in E : Q = P \text{ oder } Q = R \text{ oder } (P, Q, R) \text{ oder } (P, R, Q)$$
$$\text{oder } (Q, P, R)\}.$$

Wenden wir uns noch einmal dem Begriff der Strecke $\overline{PR}$ zu. Die Punkte P und R nennen wir die Endpunkte dieser Strecke. Das deutet wesentlich darauf hin, daß keiner der Punkte P oder R vor dem anderen „ausgezeichnet" ist. Beabsichtigt man eine solche Auszeichnung, z. B. P als Anfangspunkt und R als Endpunkt, so führt dies zu dem Begriff der *gerichteten Strecke* $\overrightarrow{PR}$ (auch Pfeil genannt). Es ist dann $\overrightarrow{PR} \neq \overrightarrow{RP}$. Wir werden zwei solche Pfeile $\overrightarrow{PR}$ und $\overrightarrow{QS}$ gleich nennen, wenn sie gleichlang und gleichorientiert sind. Unter Zuhilfenahme eines gegebenen Pfeiles $\overrightarrow{PQ}$ kann man jedem Punkt $R \in E$ in ganz natürlicher Weise einen neuen Punkt $R' \in E$ zuordnen, indem man R in die durch $\overrightarrow{PQ}$ gegebene Richtung und um die durch $\overrightarrow{PQ}$ gegebene Länge verschiebt (Abb. 10).

Abb. 10. Gerichtete Strecken und Verschiebungen in der Ebene

Solch eine Zuordnung ist bekannt unter dem Begriff Parallelverschiebung. Wir werden der Kürze halber aber nur von *Verschiebung* oder *Translation* sprechen. Genauere Ausführungen über Verschiebungen findet der Leser in 3.3. Legen wir als mathematisch positiven Drehsinn der Ebene die Drehung entgegengesetzt zum Uhrzeigersinn fest, so bestimmen zwei Strahlen St(P, Q) und St(P, R) mit gemeinsamem Anfangspunkt P einen orientierten Winkel $\angle QPR$. Die Orientierung entsteht durch die Auffassung, der Strahl St(P, Q) möge durch die Drehung auf dem kürzesten Wege mit Strahl St(P, R) zur Deckung gebracht werden (Abb. 11). Jedem orientierten Winkel wird somit eine Zahl α, $-180° \leq \alpha \leq 180°$, zugeordnet. Ähnlich wie ein Pfeil gibt uns der orientierte Winkel $\angle QPR$ die

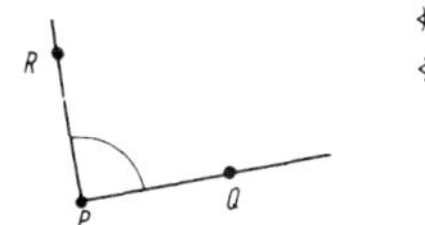

Abb. 11. Zur Orientierung eines Winkels

Möglichkeit, jedem Punkt $S \in E$ der Ebene einen neuen Punkt $S' \in E$ zuzuordnen. Dazu halten wir einen Punkt T fest und führen um T eine Drehung der Ebene mit dem Winkel $\angle QPR$ aus (Abb. 12).

Genauere Ausführungen über Drehungen geben wir in 3.4. an. Sowohl bei den Verschiebungen als auch bei den Drehungen wird jedem Punkt $P \in E$ der Ebene ein neuer Punkt $P' \in E$ zugeordnet.

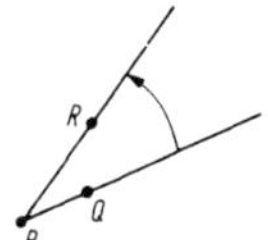

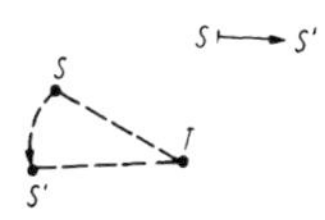

Abb. 12. Orientierter Winkel und Drehung in der Ebene

Eine solche Zuordnung nennt man auch eine Abbildung. Der Begriff der Abbildung spielt im folgenden eine entscheidende Rolle, und deshalb wollen wir an dieser Stelle noch einige Grundlagen zum Abbildungsbegriff zusammenstellen:

Wenn f jedem Punkt $P \in E$ einen Punkt $P' \in E$ zuordnet, dann sagen wir, f ist eine *Abbildung der Ebene E in sich*. Wir schreiben dafür $f\colon E \to E$ mit $f(P) = P'$. In der letzten Gleichung heißen P' das *Bild* von P und P *ein Urbild* von P' unter der Abbildung f. Eine Abbildung $f\colon E \to E$ der Ebene in sich heißt *eineindeutig*, wenn zwei verschiedene Punkte P, $Q \in E$ stets zwei verschiedene Bilder P', $Q' \in E$ haben; sie heißt *Auf-Abbildung*, wenn jeder Punkt mindestens ein Urbild hat. Im Falle der Auf-Abbildung sprechen wir von einer Abbildung $f\colon E \to E$ der Ebene *auf sich*. Eine eineindeutige Abbildung der Ebene auf sich nennen wir *Transformation* (Transformation (lat.): Umformung). Verschiebungen und Drehungen (aber auch Ähnlichkeitsabbildungen) sind Transformationen. Ist $M \subset E$ eine Teilmenge der Ebene und $f\colon E \to E$ eine Abbildung der Ebene in sich, so besteht das Bild von M unter der Abbildung $f\colon E \to E$ aus allen Bildern, die man erhält, wenn f auf die Punkte aus M angewendet wird:

$$f(M) = \{ f(P) \colon P \in M \}.$$

Eine Abbildung $f\colon E \to E$ heißt *kollinear*, wenn das Bild jeder Geraden g wieder eine Gerade ist. Eine Abbildung $f\colon E \to E$ von der

Ebene auf sich, für die der Abstand der Bilder gleich dem Abstand der Urbilder ist, nennt man eine *Isometrie* (isometrisch (griech.): gleichabständig), d. h., f ist Isometrie genau dann, wenn für alle P, $Q \in E$ gilt:

$$|P, Q| = |f(P), f(Q)|.$$

Verschiebungen und Drehungen sind Isometrien – Ähnlichkeitsabbildungen nicht. Umfangreichere Ausführungen über Isometrien, die das wesentliche Werkzeug für Symmetrieuntersuchungen darstellen, sind in 3. zusammengestellt.

Wir nennen einen Punkt P einen *Fixpunkt* einer Abbildung $f: E \to E$, wenn f den Punkt P nicht bewegt, d. h. $f(P) = P$. Ganz analog heißt eine Gerade g Fixgerade für eine Abbildung $f: E \to E$, wenn das Bild von g unter f wieder g ist, d. h. $f(g) = g$. Dabei muß aber g nicht Punkt für Punkt fest bleiben. Verschiebungen haben keine Fixpunkte, jedoch Fixgeraden. Drehungen haben genau einen Fixpunkt, nämlich das Drehzentrum.

Wenn jeder Punkt $P \in E$ Fixpunkt von f ist, dann nennen wir die Abbildung $f: E \to E$ die *Identität* auf E. Wir schreiben dafür id. Ist $f: E \to E$ eine Transformation, so hat jedes Bild P' von P unter f genau einen Punkt (nämlich P) zum Urbild. Dadurch existiert zu jeder Transformation $f: E \to E$ eine weitere Transformation, welche die gegebene umkehrt. Sie wird die zu f inverse Transformation genannt, mit f^{-1} ($f^{-1}: E \to E$) bezeichnet, und sie ist definiert durch

$$f^{-1}(P') = P \quad \text{gdw.} \quad f(P) = P'.$$

Die Benutzung der Symbolik f^{-1} erklärt sich aus der Analogie zum multiplikativen Rechnen mit Zahlen. Ausführliche Darlegungen dazu bringt der Abschnitt 4.3. über die Potenzrechnung in einer Gruppe.

Die zur Verschiebung inverse Transformation erhält man als Verschiebung mit dem „entgegengesetzten" Pfeil; die zur Drehung inverse Transformation als Drehung mit dem entgegengesetzten Drehwinkel und dem gleichen Fixpunkt.

Wenn $f_1: E \to E$ und $f_2: E \to E$ zwei Abbildungen von der Ebene in sich sind, dann bekommt man durch *Hintereinanderausführung (Zusammensetzung)* dieser beiden Abbildungen (erst f_1, dann f_2) eine neue Abbildung $f_2 \circ f_1: E \to E$ von der Ebene in sich. Dabei ist $f_2 \circ f_1(P) = f_2(f_1(P))$, d. h., wir betrachten erst das Bild von P unter der Abbildung f_1 – erhalten $f_1(P)$ – und davon das Bild unter der Abbildung f_2 (Abb. 13).

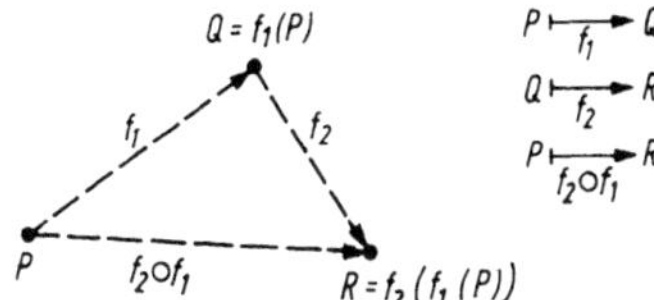

Abb. 13. Die Zusammensetzung von Abbildungen

Sind f_1 und f_2 zwei Transformationen, dann ist auch $f_2 \circ f_1$ wieder eine Transformation, insbesondere gilt

$$f \circ f^{-1} = f^{-1} \circ f = \text{id} \,.$$

Die Zusammensetzung von Transformationen erfüllt das wichtige vom Zahlenrechnen her bekannte Gesetz der Assoziativität. Wenn man drei Transformationen hintereinander ausführt, so gilt stets $f_3 \circ (f_2 \circ f_1) = (f_3 \circ f_2) \circ f_1$. Aus diesem Grunde läßt man bei mehrfachen Zusammensetzungen die Klammern oftmals weg, weil ja das Ergebnis nicht davon abhängt, ob man zuerst f_2 mit f_1 zusammensetzt und danach das Resultat mit f_3 oder das Resultat von f_3 und f_2 mit f_1. Die Anordnung in der Reihenfolge von links nach rechts f_3, f_2, f_1 ist hingegen wesentlich, weil im Unterschied zum Zahlenrechnen im allgemeinen $f_2 \circ f_1 \neq f_1 \circ f_2$ gilt.

3. Die ebenen Isometrien als Bewegungen

Ein wesentliches Bindeglied zwischen kunstvoll gestalteten Figuren bzw. Ornamenten und der Mathematik ist die Symmetrie. Dabei wollen wir vorerst nur ganz grob festlegen, daß Symmetrie einer Figur immer durch spezielle Transformationen (sogenannte Symmetrieabbildungen) beschrieben wird, welche die Figur auf sich abbilden. Zu jeder Rosette, jedem Friesornament und jedem Tapetenmuster gehört immer eine ganze Fülle von möglichen Symmetrien. So kann man ohne Schwierigkeiten erkennen, daß die erste der beiden Rosetten in Abb. 14 Drehungen und Geradenspiegelungen als Symmetrien, die zweite hingegen nur Drehungen

Abb. 14. Rosetten mit und ohne Spiegelsymmetrie (Friesornamente sind stets verschiebungssymmetrisch)

aufweist. Friesornamente besitzen im Gegensatz zu Rosetten auch noch als Symmetrien gewisse Verschiebungen.

Ohne bisher die Begriffe Symmetrie bzw. Symmetrieabbildung genauer bestimmt zu haben, betrachten wir bedenkenlos Verschiebungen, Drehungen und Spiegelungen als symmetrische Abbildungen. Der Grund liegt darin, daß diesen Abbildungen das „zur Deckung bringen" innewohnt, was unsere anschauliche Vorstellung der Symmetrie ausmacht. Sind mit den bisher besprochenen drei Symmetrieabbildungen alle möglichen Typen erfaßt? Sicher müssen wir auch die Nacheinanderausführung von Verschiebungen, Drehungen und Spiegelungen zu den Symmetrieabbildungen zählen. Damit erheben sich aber sofort zahlreiche Fragen, beispielsweise: „Was ergibt die Nacheinanderausführung einer Drehung mit einer Spiegelung?" „Was erhalten wir bei Nacheinanderausführung von zwei Drehungen?" Eine weitere Vorstellung, die man mit dem Begriff der Symmetrieabbildung verbindet, ist sicher auch die Tatsache, daß dabei Strecken in Strecken gleicher Länge überführt werden. Das bedeutet in unserer Sprechweise, daß Symmetrieabbildungen immer Isometrien sind. Bezeichnen wir Verschiebungen, Drehungen, Spiegelungen und deren Nacheinanderausführung mit dem Begriff *Bewegungen*, dann ist jede Bewegung eine Symmetrieabbildung der Ebene auf sich und jede Symmetrieabbildung wiederum eine Isometrie.

Diagramm zur Grundfrage über ebene Symmetrietypen

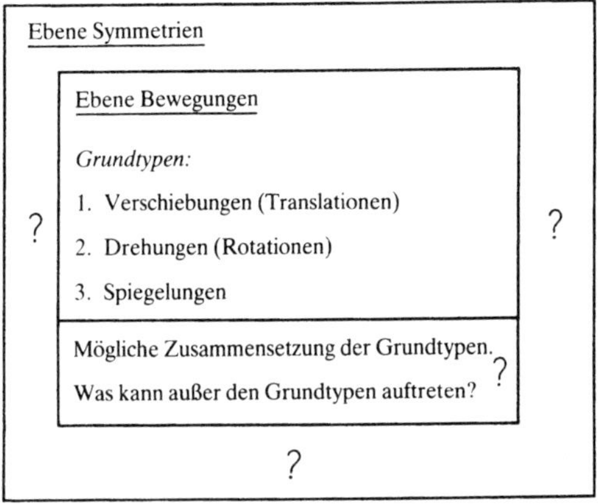

Das Anliegen dieses Kapitels besteht zum einen in der Untersuchung der Nacheinanderausführung von Verschiebungen, Drehungen, Spiegelungen und zum anderen im Nachweis, daß jede Isometrie auch eine Bewegung (genauer: Nacheinanderausführung von höchsten drei Geradenspiegelungen) ist. Damit sind dann die Begriffe Bewegung, Symmetrieabbildung und Isometrie gleichbedeutend, wodurch eine mathematische Aufhellung der Symmetrieabbildung gegeben wird. Dazu stellen wir einleitend einige Eigenschaften über Isometrien zusammen.

3.1. Isometrien

Da bei einer Isometrie $f: E \to E$ der Ebene E auf sich der Abstand je zweier Bildpunkte gleich dem Abstand der Urbildpunkte ist, können zwei verschiedene Punkte P, Q nicht das gleiche Bild haben, d. h.:

(1) Jede Isometrie $f: E \to E$ von E auf sich ist eineindeutig, also eine Transformation.

Betrachten wir die Nacheinanderausführung von zwei Isometrien $f_1: E \to E$ und $f_2: E \to E$, dann gilt

$$|P, Q| = |f_1(P), f_1(Q)| = |f_2(f_1(P)), f_2(f_1(Q))|.$$

Also erhalten wir:

(2) Die Nacheinanderausführung von Isometrien ist wieder eine Isometrie.

Jede Isometrie $f: E \to E$ ist nach (1) eine Transformation. Damit existiert zu f die inverse Transformation $f^{-1}: E \to E$. Weil $f^{-1}(P') = P$ und $f^{-1}(Q') = Q$ gdw. $f(P) = P'$ und $f(Q) = Q'$, erhalten wir aus $|P, Q| = |f(P), f(Q)|$ die Gleichung $|f^{-1}(P'), f^{-1}(Q')| = |P', Q'|$. Da die letzte Gleichung für beliebige Punktepaare P', $Q' \in E$ gilt, haben wir:

(3) Die inverse Transformation einer Isometrie ist wieder eine Isometrie.

Wenn Q ein Punkt zwischen den Punkten P und R ist, so gilt $|P, R| = |P, Q| + |Q, R|$. Für die Bilder dieser Punkte unter einer Isometrie $f: E \to E$ gilt dann

$$|P', R'| = |P', Q'| + |Q' R'|,$$

was wir wie folgt ausdrücken können:

(4) Jede Isometrie läßt die Zwischenbeziehung invariant.

Da Begriffe wie Gerade, Strahl, Strecke, Winkel, Streckenlänge, Mittelpunkt usw. allein durch die Zwischenbeziehung bzw. den Abstand erklärt werden können, erhalten wir aus (4):

(5) Isometrien sind kollineare Transformationen, die Strecken in Strecken gleicher Länge, Mittelpunkte in Mittelpunkte, Strahlen in Strahlen, Dreiecke in kongruente Dreiecke, parallele Geradenpaare in parallele Geradenpaare und senkrechte Geradenpaare in senkrechte Geradenpaare überführen.

Verschiebungen sind Isometrien mit keinem Fixpunkt, und Drehungen sind Isometrien mit genau einem Fixpunkt. Genauere Betrachtungen dazu geben wir in 3.3., 3.4. an. Es gibt keine Isometrien mit genau zwei Fixpunkten P und Q. Sind P und Q zwei verschiedene Fixpunkte einer Isometrie, so ist jeder Punkt R der eindeutig bestimmten Geraden g durch P und Q ein Fixpunkt dieser Isometrie, wie der Satz 1 zeigt.

Satz 1: Wenn P und Q zwei verschiedene Fixpunkte einer Isometrie $f: E \to E$ sind, so ist die eindeutig bestimmte Gerade g durch P und Q eine Fixgerade, und jeder Punkt $R \in g$ ist ein Fixpunkt dieser Isometrie.

Beweis: Da $f(P) = P \in g$, $f(Q) = Q \in g$ und f als Isometrie kollinear ist, erhalten wir $f(g) = g$, d.h., g ist Fixgerade. Es sei nun $R \in g$ ein beliebiger Punkt von g. Wenn $R = P$ oder $R = Q$, dann ist R nach Voraussetzung ein Fixpunkt. Ist $R \neq P$ und $R \neq Q$, so ist die Lage von R auf g eindeutig durch die Abstände $|R, P|$ und $|R, Q|$ bestimmt (Abb. 15).

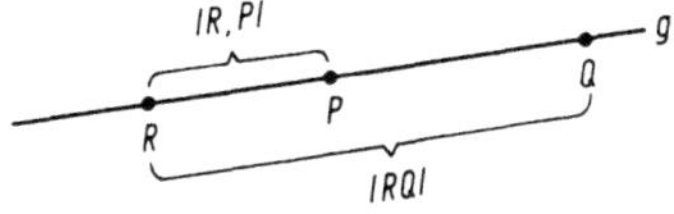

Abb. 15. Bestimmung von R durch die Abstandswerte zu P und Q

Für $f(R)$ gilt aber ebenfalls $f(R) \in g$,

$$|f(R), P| = |f(R), f(P)| = |R, P| \quad \text{und}$$

$$|f(R), Q| = |f(R), f(Q)| = |Q, R|.$$

Somit ist $f(R) = R$, d.h., R ist ein Fixpunkt. $\square$

Isometrien, die mehr als einen Fixpunkt besitzen, haben also eine

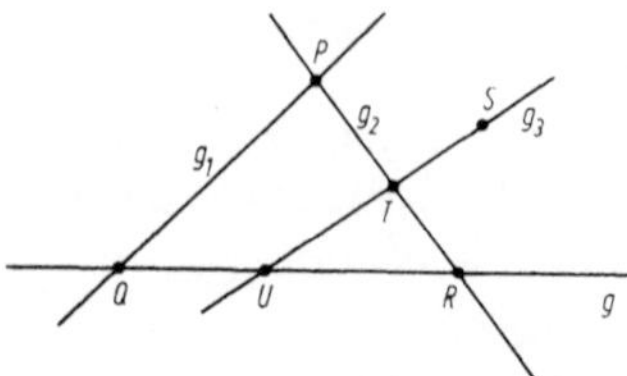

Abb. 16. Zur Konstruktion von Fixpunktgeraden

Fixgerade g, die nur aus Fixpunkten besteht. Besitzt eine solche Isometrie einen weiteren Fixpunkt $P \notin g$, der also nicht auf g liegt, dann wählen wir uns auf g zwei verschiedene Punkte Q, $R \in g$ (Abb. 16).

Nach Satz 1 sind dann auch alle Punkte auf der Geraden g_1 (durch Q und P) sowie alle Punkte auf der Geraden g_2 (durch P und R) Fixpunkte. Ist S ein Punkt der Ebene, dann können wir durch diesen Punkt eine Gerade g_3 legen, die das Dreieck $\triangle PQR$ in zwei Punkten T und U schneidet. T und U sind Fixpunkte, also ist S nach Satz 1 wieder ein Fixpunkt. Der Punkt S war aber beliebig gewählt, und somit haben wir folgenden Satz bewiesen.

Satz 2: Bei Isometrien, die drei nicht kollineare Fixpunkte besitzen, ist jeder Punkt Fixpunkt, d. h., es gibt eine einzige Isometrie mit drei nicht kollinearen Fixpunkten, und das ist die Identität.

Dadurch haben wir nun für Isometrien die folgenden Fixpunkteigenschaften erkannt.

Für eine Isometrie f der Ebene kommen hinsichtlich ihres Fixpunktverhaltens nur in Frage:

1. f hat keinen Fixpunkt,
2. f hat genau einen Fixpunkt,
3. f hat unendlich viele Fixpunkte, und diese liegen alle auf einer Geraden,
4. f hat unendlich viele Fixpunkte, und zwar ist jeder Punkt der Ebene Fixpunkt von f.

Stimmen die Bilder zweier Isometrien $f_1 : E \to E$ und $f_2 : E \to E$ von drei nicht kollinearen Punkten P, Q und R überein, d. h. $f_1(P) = f_2(P)$, $f_1(Q) = f_2(Q)$ und $f_1(R) = f_2(R)$, so gilt für die Isometrie $f_2^{-1} \circ f_1 : E \to E$ notwendig

$$f_2^{-1}(f_1(P)) = f_2^{-1}(f_2(P)) = P; \qquad f_2^{-1}(f_1(Q)) = Q \quad \text{und}$$
$$f_2^{-1}(f_1(R)) = R.$$

Dann ist nach Satz 2 die Isometrie $f_2^{-1} \circ f_1 : E \to E$ die Identität, d. h. $f_2^{-1} \circ f_1 = \text{id}$ und somit $f_1 = f_2$. Daraus folgt:

(6) Jede Isometrie ist eindeutig bestimmt durch die Angabe der
Bilder dreier nicht kollinearer Punkte.

Bevor wir in 3.5. den Nachweis erbringen, daß jede Isometrie eine
Bewegung ist, müssen wir uns noch etwas näher mit den Eigenschaften der Grundbausteine für die Bewegung befassen: mit den
Geradenspiegelungen (3.2.), Verschiebungen (3.3.) und Drehungen
(3.4.). Dabei werden wir gleichzeitig auch Antworten auf Fragen
der Nacheinanderausführungen dieser Abbildungen erhalten.

3.2. Geradenspiegelungen

Jeder hat schon einmal ein Blatt Papier so gefaltet, daß es nur noch
halb so groß ist wie das Ausgangsblatt (Abb. 17).

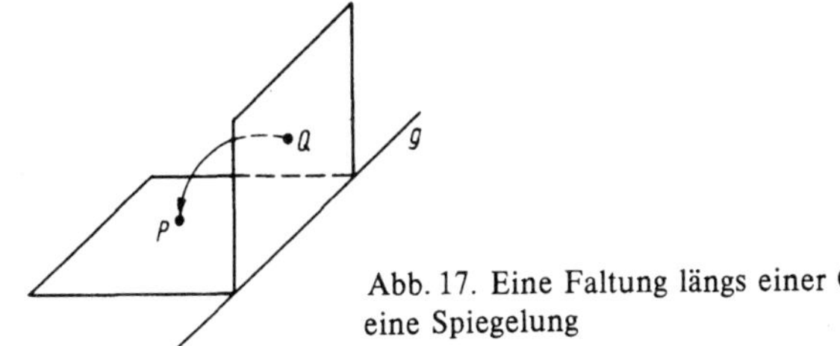

Abb. 17. Eine Faltung längs einer Geraden liefert
eine Spiegelung

Dabei kommen jeweils zwei Punkte, z. B. P und Q, zur Deckung.
Unschwer können wir diesen Faltungsprozeß gedanklich erweitern,
und zwar auf die Faltung der Ebene längs einer Geraden g. So gelangen wir zu einer Transformation $f: E \to E$ von E auf sich, wobei
gilt, daß genau dann Q das Bild von $P(f(P) = Q)$ und P das Bild
von $Q(f(Q) = P)$ ist, wenn P und Q beim Falten längs der Geraden g zur Deckung kommen. Solch eine Transformation nennen
wir eine Spiegelung an g.

Definition (Geradenspiegelung): Es sei $g \subset E$ eine Gerade. Zu jedem Punkt $P \in E$, der nicht auf g liegt, existiert ein eindeutig be-
stimmter Punkt $P' \in E$, so daß $\overline{PP'}$ Mittelsenkrechte von g ist. Eine
Abbildung $s_g: E \to E$ nennen wir eine Spiegelung an der Geraden g
(Geradenspiegelung an g), wenn

$$s_g(P) = \begin{cases} P, & \text{falls} \quad P \in g, \\ P', & \text{falls} \quad P \notin g. \end{cases}$$

(Falls keine Verwechslungen entstehen können, schreiben wir anstelle s_g kurz s.) Eine ebene Figur $F \subset E$ heißt axialsymmetrisch, wenn sie durch eine Geradenspiegelung auf sich abgebildet wird. Figuren, die auf den Betrachter relativ unattraktiv wirken, können, nachdem man sie durch Spiegelung an einer Geraden ergänzt, an „Schönheit" gewinnen. In vielen Fällen vervollständigt der Betrachter Figuren unwillkürlich zu axialsymmetrischen Figuren; so hat man beim Anblick eines Schmetterlingsflügels meist schon das Flügelpaar vor Augen oder bei einer Blatthälfte das gesamte Blatt. Wer würde nicht beim Anblick der Abbildung

gleich ein Mondgesicht sehen? Andererseits kann es sich aber auch als schwierig erweisen, aus einer axialsymmetrischen Figur die „Grundfigur" zurückzugewinnen. Erinnert sei hierbei an das Spiel

„Fortsetzung der Zeichenreihe Π , Ω , ꙮ " (Grundfigur: 1 , 2 , 3).

Wir erhalten die Lösung durch Spiegelungen der Zahlen 1, 2, 3, 4, ... an einer Vertikalen, die jeweils links von der Zahl steht. Aus der obigen Definition und unter Verwendung unserer geometrischen Grundkenntnisse ergibt sich für jede Geradenspiegelung $s : E \rightarrow E$ an der Geraden g die nachstehende Aussage:

(7) Falls $s(P) = P'$ und $P \notin g$, so stehen die Strecke $\overline{PP'}$ und die Gerade g senkrecht aufeinander. Ist L der Schnittpunkt von $\overline{PP'}$ mit g, dann gilt $|P, L| = |P', L|$. Die Spiegelgerade (Spiegelachse) g ist eine Fixgerade, die nur aus Fixpunkten besteht. Weitere Fixpunkte hat eine Spiegelung nicht. Zu den Fixgeraden kommen jedoch noch die zur Spiegelgeraden senkrechten Geraden hinzu.

Betrachten wir zwei Punkte P und Q auf der Spiegelgeraden g, so sind diese Punkte Fixpunkte, d.h. $P = P'$ und $Q = Q'$, und deshalb ist $|P, Q| = |P', Q'|$. Liegt wenigstens einer der Punkte P oder Q auf g, dann folgt aus dem Kongruenzsatz sws (Seite-Winkel-Seite) und (7) ebenfalls $|P, Q| = |P', Q'|$. Etwas aufwendiger wird der Nachweis der Gleichung $|P, Q| = |P', Q'|$, wenn keiner der Punkte P und Q auf g liegt. Dazu betrachten wir zwei Fälle.

1. Fall: P und Q liegen auf der gleichen Seite von g. Dann bezeichne R den Schnittpunkt der Parallelen durch P mit der Strecke $\overline{QQ'}$ und R' das Spiegelbild von R (Abb. 18).

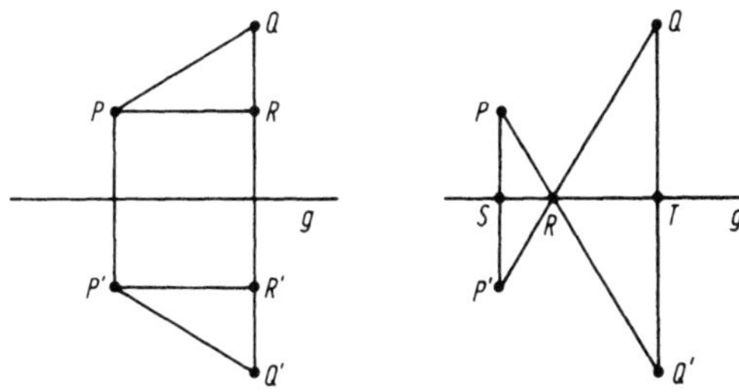

Abb. 18. Zum Nachweis der Isometrie bei einer Spiegelung

Die Gleichung $|P, Q| = |P', Q'|$ folgt dann aus der Kongruenz des Dreiecks $\triangle PRQ$ und des Dreiecks $\triangle P'R'Q'$.

2. Fall: P und Q liegen auf verschiedenen Seiten von g. In diesem Fall bezeichnen wir mit R den Schnittpunkt der Strecke $\overline{PQ}$, mit S den Schnittpunkt der Strecke $\overline{PP'}$ und mit T den Schnittpunkt der Strecke $\overline{QQ'}$ mit der Spiegelgeraden g. Aus der Kongruenz des Dreiecks $\triangle PSR$ mit dem Dreieck $\triangle P'SR$ und des Dreiecks $\triangle RTQ$ mit dem Dreieck $\triangle RTQ'$ bekommen wir dann ebenfalls $|P, Q| = |P', Q'|$. Das berechtigt uns zur Formulierung des folgenden Satzes.

Satz 3: Jede Geradenspiegelung ist eine Isometrie.

Nun wenden wir uns noch der Nacheinanderausführung von Geradespiegelungen zu. Will man einen in Spiegelschrift geschriebenen Text lesen, so ist das unter Zuhilfenahme eines Spiegels möglich; dabei bedeutet das Spiegeln der Spiegelschrift eine zweimalige Spiegelung des Originaltextes. Zweimaliges Spiegeln liefert also wieder das Original. Mathematisch formulieren wir diesen Sachverhalt wie folgt:

(8) Die Nacheinanderausführung $s \circ s$ einer Spiegelung s mit sich selbst ergibt die identische Abbildung $s \circ s = \text{id}$.

Ein exakter mathematischer Beweis für (8) folgt unmittelbar daraus, daß bei einer Geradenspiegelung s, die einen Punkt P in P' überführt, auch P' in P überführt wird.

Aus der Bedingung (8) und der Beziehung $s^{-1} \circ s = \text{id}$ sehen wir auch, daß die Geradenspiegelung s mit ihrer inversen Transformation s^{-1} übereinstimmt. In solch einem Fall heißt s *selbstinvers*. Weitere Betrachtungen zur Nacheinanderausführung von Geradenspiegelungen folgen in 3.3., 3.4. und 3.6.

3.3. Verschiebungen, Translationen

Wie schon in Kapitel 2. bei den mathematischen Vorbereitungen erwähnt, ist der Begriff der Verschiebung (Parallelverschiebung) eng mit dem Begriff des Pfeiles (Verschiebungspfeil) verbunden. Verschiebungen sind Transformationen der Ebene auf sich, welche die Eigenschaft haben, daß für je zwei Punkte P und Q die Pfeile $\overrightarrow{PP'}$ und $\overrightarrow{QQ'}$ von den Urbildern zu den Bildern gleich sind. Diese Tatsache gibt Anlaß zu folgender Definition.

Definition (Verschiebung, Translation): Eine Transformation $v : E \to E$ der Ebene auf sich heißt Verschiebung genau dann, wenn für je zwei beliebige Punkte P und Q die Pfeile $\overrightarrow{PP'}$ und $\overrightarrow{QQ'}$ gleich sind. Dabei bezeichne P' das Bild von P und Q' das Bild von Q.

Erweist es sich als notwendig, den Pfeil anzugeben, der eine Verschiebung $v : E \to E$ charakterisiert, so schreiben wir ihn als Index zum v. Zwei Verschiebungen heißen gleich, wenn die Pfeile, durch die sie bestimmt sind, gleich sind, d. h., für die $\overrightarrow{ST}$ und $\overrightarrow{UV}$ aus Abb. 19 gilt $v_{\overrightarrow{ST}} = v_{\overrightarrow{UV}}$.

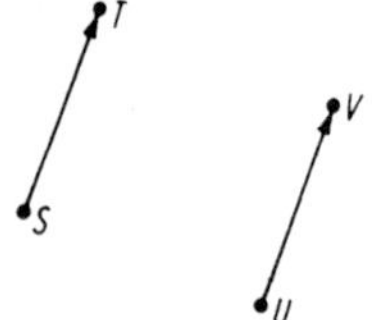

Abb. 19. Pfeile, die gleichlang und gleichorientiert sind, definieren dieselbe Verschiebung

Für die späteren Betrachtungen erweist es sich als nützlich, die identische Abbildung auch zu den Verschiebungen zu zählen. Wir bezeichnen sie als uneigentliche Verschiebung und nennen im Gegensatz dazu die oben definierten Verschiebungen die eigentlichen Verschiebungen. Unschwer überzeugt man sich dann von der Richtigkeit folgender Aussage:

(9) Eigentliche Verschiebungen haben keine Fixpunkte. Fixgeraden sind genau die zu dem Verschiebungspfeil parallelen Geraden.

Im Abschnitt 3.2. haben wir die Nacheinanderausführung einer Geradenspiegelung mit sich selbst betrachtet. Der Begriff der Verschiebung gestattet uns die Charakterisierung der Nacheinanderausführung zweier Geradenspiegelungen s_1, s_2 an verschiedenen parallelen Geraden g_1 und g_2. Da s_1 und s_2 als Geradenspiegelungen

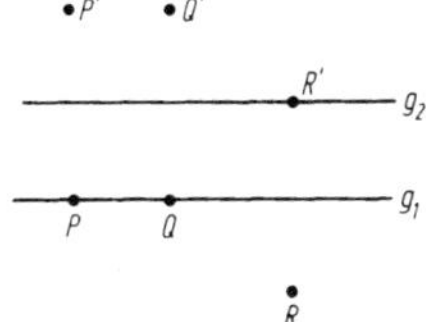

Abb. 20. Zur Zusammensetzung von zwei
Spiegelungen im Falle paralleler Spiegelachsen

Isometrien sind (Satz 3), ist die Nacheinanderausführung $s_2 \circ s_1$ von s_1 und s_2 nach (2) eine Isometrie. Isometrien sind nach (6) eindeutig durch die Angabe der Bilder dreier nicht kollinearer Punkte P, Q und R bestimmt. Wählen wir P und Q auf g_1 und R nicht auf g_2, so daß der Abstand von R zu g_1 gleich dem Abstand von g_1 zu g_2 ist, dann ist $\overrightarrow{PP'} = \overrightarrow{QQ'} = \overrightarrow{RR'}$ (Abb. 20). Dabei zeigt $\overrightarrow{PP'}$ von g_1 nach g_2 und ist doppelt so lang wie die Entfernung von g_1 zu g_2. Sowohl die Verschiebung v mit dem Verschiebungspfeil $\overrightarrow{PP'}$ als auch die Zusammensetzung $s_2 \circ s_1$ überführen P in P', Q in Q' und R in R'.
Damit haben wir folgende Aussage bewiesen:

(10) Die Nacheinanderausführung $s_2 \circ s_1$ von zwei Geradenspiegelungen mit zwei verschiedenen parallelen Spiegelachsen g_1 und g_2 ergibt eine Verschiebung mit einem Verschiebungspfeil, der senkrecht auf g_1 steht, von g_1 nach g_2 zeigt und doppelt so lang ist, wie die Entfernung von g_1 zu g_2.

Da anderseits zu jedem Pfeil immer zwei parallele Geraden g_1 und g_2 existieren, auf denen der Pfeil senkrecht steht, deren Entfernung halb so lang ist wie die Pfeillänge, wobei die Pfeilorientierung den Übergang von g_1 nach g_2 angibt, bekommen wir den folgenden Satz.

Satz 4: Eine Transformation $f\colon E \to E$ ist genau dann eine Verschiebung, wenn sie sich als Nacheinanderausführung von zwei Geradenspiegelungen an parallelen Geraden schreiben läßt.

Hierin ist auch der Fall eingeschlossen, daß man die uneigentliche Verschiebung vor sich hat. Dann stimmen die beiden Spiegelachsen überein. Aus Satz 4 folgt, was man sich allerdings auch ohne diesen Satz leicht überlegt, daß nämlich jede Verschiebung eine Isometrie ist.
Die Verschiebungen $s_2 \circ s_1$ und $s_1 \circ s_2$ sind zwei Verschiebungen, die sich nur in ihren Richtungen unterscheiden: diese sind genau entgegengesetzt. Unser Beispiel zeigt, daß es bei der Nacheinanderausführung von Geradenspiegelungen im allgemeinen auf die Rei-

henfolge ankommt. Von den Kräfteparallelogrammen her ist hinlänglich bekannt, daß die Nacheinanderausführung zweier Verschiebungen wieder eine Verschiebung ist. Zu einer Verschiebung v ist die inverse Transformation v^{-1} ebenfalls eine Verschiebung, die durch den zum Ausgangspfeil entgegengesetzten Pfeil bestimmt wird. Die Untersuchungen zur Nacheinanderausführung von Geradenspiegelungen an verschiedenen sich schneidenden Geraden folgen in 3.4.

3.4. Drehungen

Auf den Begriff der Drehung haben wir schon in Kapitel 2. hingewiesen. Zur genaueren Betrachtung der Drehungen kommen wir jedoch nicht umhin, diesen Begriff exakt zu definieren.

Definition (Drehung): Es sei $M \in E$ ein Punkt der Ebene und α, $-180° \leqq \alpha \leqq 180°$, ein orientierter Winkel. Zu jedem Punkt $P \in E$, $P \neq M$, existiert dann ein eindeutig bestimmter Punkt P' derart, daß $|M, P| = |M, P'|$ und $\sphericalangle PMP' = \alpha$. Eine Transformation $d : E \rightarrow E$ heißt Drehung um den Punkt M mit dem Winkel α, wenn

$$d(M) = M \quad \text{und} \quad d(P) = P' \quad \text{für alle} \quad P \neq M.$$

Falls es sich als notwendig erweist, werden wir das Drehzentrum M und den Drehwinkel α als Indizes zum „d" schreiben. Die Drehung um den Winkel $\alpha = 0°$ liefert die identische Abbildung, die wir auch als uneigentliche Drehung bezeichnen. Aus der Definition können wir die folgenden Fixpunkteigenschaften für Drehungen ablesen:

(11) Jede Drehung mit einem Drehwinkel $\alpha \neq 0°$ hat genau einen Fixpunkt. Dieser ist das Drehzentrum M. Eigentliche Drehungen, bei denen der Drehwinkel $\alpha \neq \pm 180°$ ist, haben keine Fixgeraden. Bei Drehungen mit dem Drehwinkel $\alpha = \pm 180°$ sind genau die Geraden durch das Drehzentrum Fixgeraden.

Jetzt sind wir in der Lage, genauer auf die Nacheinanderausführung $s_2 \circ s_1$ von zwei Geradenspiegelungen an verschiedenen sich schneidenden Geraden einzugehen. Wie schon bei den entsprechenden Untersuchungen für parallele Spiegelachsen im Abschnitt 3.3. benutzen wir auch hier, daß $s_2 \circ s_1$ eine Isometrie ist

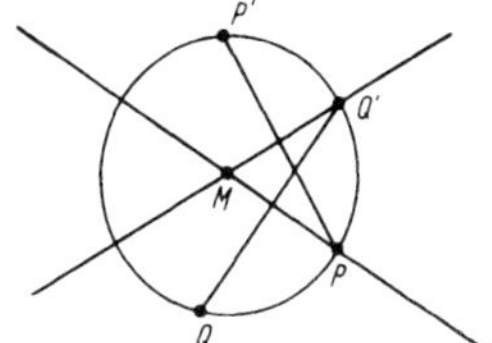

Abb. 21. Zur Zusammensetzung von zwei Spiegelungen im Falle sich schneidender Spiegelachsen

und Isometrien eindeutig durch die Bilder dreier nicht kollinearer Punkte bestimmt sind. Der eine Punkt sei M, der Schnittpunkt der Geraden g_1 und g_2. Auf g_1 wählen wir einen weiteren Punkt P. Auf g_2 gibt es genau zwei Punkte, die von M den gleichen Abstand wie P haben. Einen davon wählen wir uns und bezeichnen sein Spiegelbild an g_1 mit Q. Dann sind M, P und Q drei nicht kollineare Punkte. Für ihre Bilder M', P' und Q' unter der Isometrie $s_2 \circ s_1$ gilt:

$$M' = M, |M, P| = |M, P'|, |M, Q| = |M, Q'| \text{ und } \sphericalangle PMP' = \sphericalangle QMQ'.$$

Also ist $s_2 \circ s_1$ eine Drehung um den Schnittpunkt M der Geraden g_1 und g_2 mit dem Drehwinkel $\alpha = \sphericalangle PMP'$ (Abb. 21).
Die Geraden g_1 und g_2 bestimmen dabei zwei orientierte Winkel (man denke sich immer g_2 als feste und g_1 als zu drehende Gerade), von denen einer zwischen $-90°$ und $+90°$ liegt. Wenn wir diesen mit β, $-90° \leqq \beta \leqq 90°$, bezeichnen, so gilt für den Drehwinkel α der Drehung $s_2 \circ s_1$

$$\alpha = 2\beta.$$

Zu jeder Drehung d mit einem Drehzentrum M und einem Drehwinkel α, $-180° \leqq \alpha \leqq 180°$, existiert auch immer ein Geradenpaar g_1, g_2, welches sich genau im Punkt M schneidet und deren orientierter Winkel von g_1 zu g_2 genau halb so groß wie der Winkel α ist. Dadurch sind wir jetzt in der Lage, den folgenden Satz zu formulieren.

Satz 5: Eine Transformation $f: E \rightarrow E$ ist genau dann eine Drehung mit dem Drehzentrum M und dem Drehwinkel α, wenn sie sich als Nacheinanderausführung $s_2 \circ s_1$ zweier Geradenspiegelungen an zwei Geraden g_1 und g_2, die sich in M schneiden und deren Winkel von g_1 zu g_2 halb so groß wie α ist, schreiben läßt.

Weil die Geradenspiegelungen Isometrien sind und nach Satz 2 die Nacheinanderausführung von Isometrien wieder eine Isometrie ist, folgt aus Satz 5, daß auch jede Drehung eine Isometrie ist.

Wie bei den Verschiebungen, wo das parallele Geradenpaar g_1 und g_2 nicht eindeutig festgelegt war, so gibt es auch hier bei den Drehungen mehrere Geradenpaare, welche die gleiche Drehung bestimmen. Es kommt hierbei nur darauf an, daß sich g_1 und g_2 in M schneiden und der Winkel von g_1 zu g_2 gleich $\alpha/2$ ist. Diese Tatsache wirkt sich für uns bei der Untersuchung von Nacheinanderausführungen des öfteren sehr angenehm aus. Das folgende Beispiel der Nacheinanderausführung zweier Drehungen d_1 und d_2 um das gleiche Drehzentrum M zeigt dies. Es ist $d_2 \circ d_1$ ebenfalls eine Drehung um das Drehzentrum M mit dem Drehwinkel $\alpha_1 + \alpha_2$ (falls $\alpha_1 + \alpha_2 > 180°$, so muß man allerdings $360°$ von $\alpha_1 + \alpha_2$ subtrahieren, und falls $\alpha_1 + \alpha_2 < -180°$, so addiert man $360°$ zu $\alpha_1 + \alpha_2$). Interessanter ist der Fall, daß d_1 und d_2 verschiedene Drehzentren M_1 und M_2 haben. Nach Satz 5 lassen sich d_1 und d_2 als Nacheinanderausführung von Geradenspiegelungen schreiben:

$$d_1 = s_2 \circ s_1, \quad d_2 = s_4 \circ s_3.$$

Die zugehörigen Geraden können wir nun so wählen, daß g_2 und g_3 durch die Punkte M_1 und M_2 gehen (Abb. 22).

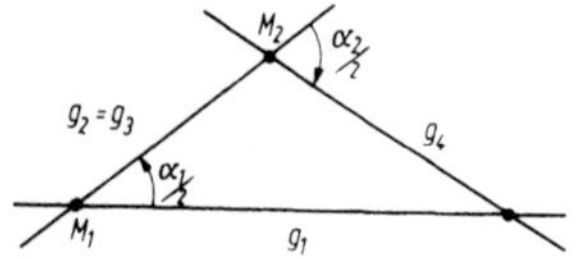

Abb. 22. Die Zusammensetzung von Drehungen mit unterschiedlichen Drehzentren

Dann folgt:

$$d_2 \circ d_1 = s_4 \circ s_3 \circ s_2 \circ s_1 = s_4 \circ \mathrm{id} \circ s_1 = s_4 \circ s_1.$$

Sind nun g_1 und g_4 parallel, so ist $d_2 \circ d_1$ eine Verschiebung, im anderen Fall eine Drehung. Damit wurde bewiesen:

(12) Die Nacheinanderausführung von zwei Drehungen ist eine Drehung oder eine Verschiebung.

Die zu einer Drehung d inverse Transformation d^{-1} ist ebenfalls eine Drehung mit dem gleichen Drehzentrum wie d und dem entgegengesetzten Drehwinkel. Die Drehungen mit dem Drehwinkel $\alpha = \pm 180°$ werden auch oft Punktspiegelungen (Spiegelungen am Drehzentrum M) genannt.

3.5. Charakterisierung der Isometrien durch Fixpunkteigenschaft

Die ausführlichen Betrachtungen zu den Geradenspiegelungen, Verschiebungen und Drehungen aus den Abschnitten 3.2., 3.3. und 3.4. ermöglichen uns nun eine genauere Charakterisierung der Isometrien. Dabei erhalten wir gleichzeitig eine präzise Beschreibung des Begriffs Symmetrieabbildung.

Wenden wir uns zunächst den Isometrien $f: E \to E$ zu, die mindestens zwei verschiedene Fixpunkte P und Q besitzen. Bei diesen ist aber die Gerade g durch P und Q eine Fixgerade, und jeder Punkt der Geraden g ist ein Fixpunkt. Betrachten wir noch einen dritten zu P und Q nicht kollinearen Punkt R, d.h. $R \notin g$. Dann kann wegen der Isometrieeigenschaft von f das Bild R' von R nur R selbst oder das Spiegelbild von R an der Geraden g sein, weil das Dreieck PQR in das dazu kongruente Dreieck PQR' übergeht (Abb. 23).

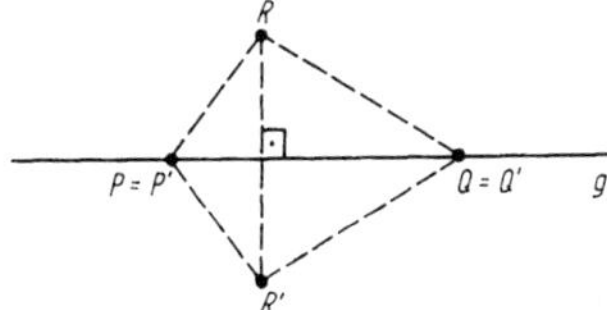

Abb. 23. Wirkung einer Isometrie, die die Fixpunktgerade g hat

f ist also die Identität oder die Geradenspiegelung an g. Diese Tatsache formulieren wir im folgenden Satz.

Satz 6: Jede Isometrie, die mindestens zwei verschiedene Fixpunkte besitzt, ist die Identität oder eine Geradenspiegelung.

Für die vollständige Charakterisierung der Isometrien müssen wir noch die Fälle mit genau einem oder keinem Fixpunkt untersuchen. Die Vermutung liegt nahe, daß Isometrien mit genau einem Fixpunkt Drehungen sind. Davon wollen wir uns jetzt überzeugen.

Es sei M der Fixpunkt und P' das Bild eines Punktes $P \neq M$ unter der Isometrie $f: E \to E$. Gilt für alle Punkte P der Ebene, daß die Punkte P, M und P' kollinear sind, so ist f eine 180°-Drehung (gleichbedeutend mit Punktspiegelung an M). Nehmen wir nun an, daß P, M und P' nicht kollinear sind, dann liegt M auf der Mittelsenkrechten g der Strecke $\overline{PP'}$ (f ist Isometrie, und somit sind die Schenkel $\overline{MP}$, $\overline{MP'}$ des Dreiecks $\triangle MPP'$ gleichlang; Abb. 24). Bezeichnen wir mit s die Geradenspiegelungen an g, so hat die Isometrie $s \circ f$ mindestens die beiden Fixpunkte M und P. Nach

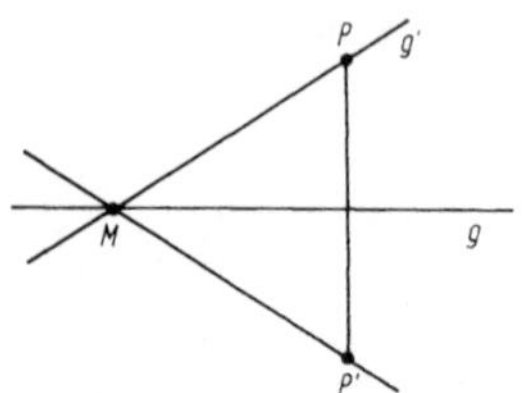

Abb. 24. Wirkung einer Isometrie, die den alleinigen Fixpunkt M hat

Satz 6 ist dann $s \circ f$ die Identität oder eine Geradenspiegelung s' an der Geraden g' durch M und P. Weil f nur einen Fixpunkt hat und aus $s \circ f = \mathrm{id}$ die Beziehung $s = f$ folgt, kann der erste Fall nicht eintreten, also ist $s \circ f = s'$ und somit $f = s^{-1} \circ s' = s \circ s'$. Satz 7 charakterisiert die Isometrie mit genau einem Fixpunkt.

Satz 7: Isometrien mit genau einem Fixpunkt sind Drehungen.

Zu den Isometrien ohne Fixpunkte können wir im Moment nur soviel sagen, daß die Verschiebungen sicher zu ihnen gehören, doch dadurch sind diese noch nicht endgültig charakterisiert. Dazu benötigen wir einen weiteren Typ von Transformationen (Bewegungen), die sogenannten Schubspiegelungen, die in 3.6. behandelt werden. Ungeachtet dessen können wir aber schon an dieser Stelle zeigen, daß unter den Isometrien nur Geradenspiegelungen, Verschiebungen, Drehungen und deren Nacheinanderausführungen vorkommen. Ist $f: E \rightarrow E$ eine von der Identität verschiedene Isometrie, so existiert für f ein Punkt P, welcher von seinem Bild P' verschieden ist. Mit s bezeichnen wir die Spiegelung an der Mittelsenkrechten g von $\overline{PP'}$. Dann ist P ein Fixpunkt von $s \circ f$. Wenn P der einzige Fixpunkt von $s \circ f$ ist, dann ist $s \circ f$ nach Satz 7 eine Drehung $d = s_2 \circ s_1$ und somit $f = s^{-1} \circ s_2 \circ s_1 = s \circ s_2 \circ s_1$. Besitzt $s \circ f$ noch weitere Fixpunkte, dann ist $s \circ f = \mathrm{id}$ oder $s \circ f = s'$ (Satz 6). Im ersten der beiden Fälle ist $f = s$ und im zweiten $f = s^{-1} \circ s' = s \circ s'$. So erhalten wir eine endgültige Charakterisierung der Isometrien durch den folgenden Satz.

Satz 8: Jede Isometrie ist die Nacheinanderausführung von höchstens drei Geradenspiegelungen.

Die Geradenspiegelungen, Verschiebungen, Drehungen und deren Nacheinanderausführungen haben wir am Anfang des Paragraphen unter dem Begriff Bewegungen zusammengefaßt. Da Geradenspiegelungen, Verschiebungen und Drehungen Isometrien sind, folgt aus Satz 2, daß jede Bewegung eine Isometrie ist. Durch Satz 8 wird nun die Umkehrung bewiesen, und wir können feststellen:

(13) Die Bewegungen und die Isometrien bilden die gleiche Klasse von Transformationen der Ebene auf sich.

Der am Anfang dieses Kapitels etwas vage formulierte Begriff der Symmetrieabbildung, der zwischen den Bewegungen und den Isometrien angesiedelt war, ist daher ebenfalls gleichbedeutend mit den Begriffen Bewegung bzw. Isometrie.
Nach Satz 8 sind für die Isometrien $f: E \rightarrow E$ (Bewegungen; Symmetrieabbildungen) folgende Typen möglich:
1. f ist die identische Abbildung ($f = \mathrm{id}$).
2. f ist eine Geradenspiegelung ($f = s$).
3. f ist Nacheinanderausführung von zwei Geradenspiegelungen ($f = s_2 \circ s_1$). Dann ist f eine Verschiebung oder eine Drehung.
4. f ist Nacheinanderausführung von drei Geradenspiegelungen ($f = s_3 \circ s_2 \circ s_1$).
Der Untersuchung des abschließenden 4. Typs dient der letzte Abschnitt dieses Kapitels.

3.6. Schubspiegelungen

Vergleichen wir die beiden Friesornamente der Abb. 25, so läßt das zweite Ornament im Gegensatz zum ersten neben den Verschiebungen (diese kommen in jedem Friesornament vor) eine weitere

Abb. 25. Friesornamente mit und ohne Schubspiegelung

Klasse von Symmetrieabbildungen zu. Man kann dieses auch durch die Nacheinanderausführung einer Spiegelung s an der Längsachse und einer Verschiebung v parallel zur Längsachse zur Deckung bringen. Dabei spielt die Reihenfolge, ob erst Spiegelung und danach Verschiebung oder umgekehrt, keine Rolle. Solch eine Nacheinanderausführung, die wiederum eine Symmetrieabbildung ist, nennen wir *Schubspiegelung* oder *Gleitspiegelung*.

Definition (Schubspiegelung, Gleitspiegelung): Eine Transformation $f: E \rightarrow E$ heißt Schubspiegelung oder auch Gleitspiegelung, wenn man sie als Nacheinanderausführung einer Geradenspiegelung s an einer Geraden g und einer Verschiebung v parallel zur Geraden g schreiben kann, d. h. $f = v \circ s$.

Die Verschiebungskomponente v bei einer Schubspiegelung $f = v \circ s$ können wir als Nacheinanderausführung $v = s_2 \circ s_1$ von zwei Geradenspiegelungen an parallelen Geraden g_1 und g_2 schreiben. Da v parallel zur Spiegelgeraden g ist, müssen g_1 und g_2 senkrecht auf g stehen. So können wir jede Schubspiegelung $f = v \circ s$ auch als Nacheinanderausführung von drei Geradenspiegelungen $f = s_2 \circ s_1 \circ s$ schreiben (Abb. 26).

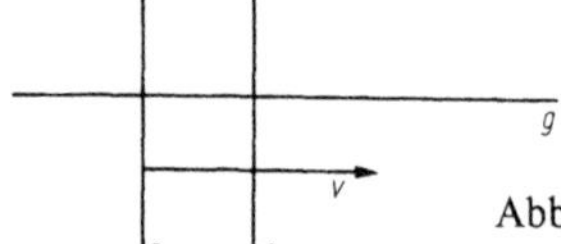

Abb. 26. Schubspiegelung als Zusammensetzung von Geradenspiegelungen

Im allgemeinen darf man bei der Nacheinanderausführung zweier Geradenspiegelungen die Reihenfolge nicht vertauschen. Stehen die beiden Spiegelgeraden senkrecht aufeinander (dann handelt es sich bei ihrer Zusammensetzung um eine 180°-Drehung), so ist eine solche Vertauschung erlaubt. Daraus ergibt sich die Vertauschbarkeit des Verschiebungsanteils und des Spiegelanteils bei einer Schubspiegelung:

$$f = v \circ s = s_2 \circ s_1 \circ s = s_2 \circ s \circ s_1 = s \circ s_2 \circ s_1 = s \circ v.$$

Schubspiegelungen sind Isometrien, die keine Fixpunkte, aber die Spiegelgerade als Fixgerade haben. Sieht man die uneigentliche Verschiebung als parallel zu jeder Geraden g an, so sind die Geradenspiegelungen Spezialfälle der Schubspiegelungen. Die Schubspiegelungen fallen unter den Typ von Isometrien, die sich als Nacheinanderausführung von genau drei Geradenspiegelungen

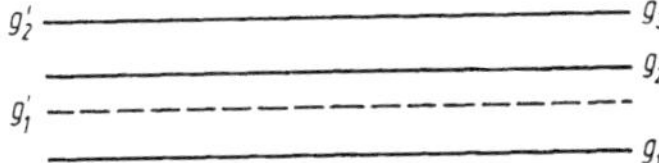

Abb. 27. Zusammensetzung von drei Spiegelungen im Falle paralleler Spiegelachsen

darstellen. Sie ermöglichen uns auch die Aufklärung dieses noch verbleibenden Typs von Isometrien.

Betrachten wir zuerst den Fall einer Isometrie $f = s_3 \circ s_2 \circ s_1$, die sich schreiben läßt als Nacheinanderausführung von drei Spiegelungen an zueinander parallelen Geraden $g_1 \parallel g_2 \parallel g_3$ (Abb. 27). Mit g_1 und g_2 führen wir eine Parallelverschiebung durch, die g_2 mit g_3 zur Deckung bringt. Dann ist die Verschiebung $s_2 \circ s_1$ gleich der Verschiebung $s_2' \circ s_1'$, wobei s_2' die Spiegelung an der Geraden $g_2' = g_3$ und s_1' die Spiegelung an der Geraden g_1' bezeichnen. Somit erhalten wir:

$$f = s_3 \circ s_2 \circ s_1 = s_3 \circ s_2' \circ s_1' = s_3 \circ s_3 \circ s_1' = s_1',$$

d.h., bei der Isometrie f handelt es sich in diesem Fall um eine Geradenspiegelung an g_1'.

Für jede Isometrie $f = s_3 \circ s_2 \circ s_1$, bei welcher g_2 und g_3 nicht zueinander parallel sind, ist $s_3 \circ s_2$ eine Drehung. Verläuft außerdem die Gerade g_2 nicht parallel zur Geraden g_1, so kann man (siehe Abschnitt 3.4.) die Drehung $s_3 \circ s_2$ durch die gleiche Drehung $s_3' \circ s_2'$ ersetzen, wobei g_2' parallel zu g_1 ist (Abb. 28).

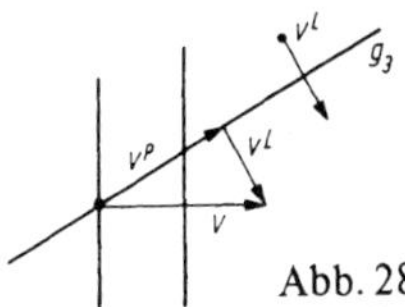

Abb. 28. Geeignetes Ersetzen bei Hintereinanderausführung von drei Spiegelungen

Aber auch den Fall, daß g_2 parallel zu g_3 verläuft, kann man durch eventuelles Ersetzen auf die Situation $g_1 \parallel g_2$ zurückführen: wenn nämlich $g_2 \parallel g_3$ und $g_1 \nparallel g_2$, so ist $s_2 \circ s_1$ eine Drehung, und diese ersetze man durch eine Hintereinanderausführung von Spiegelungen an Geraden g_1', g_2' mit $g_2' \nparallel g_3$. Damit hat man die vorher erörterte Sachlage. Demzufolge sei für die Isometrie $f = s_3 \circ s_2 \circ s_1$ die Parallelität von g_1 und g_2 vorausgesetzt. Steht g_3 senkrecht auf g_1 und g_2, dann erhalten wir eine Schubspiegelung. Es bleibt also nur noch

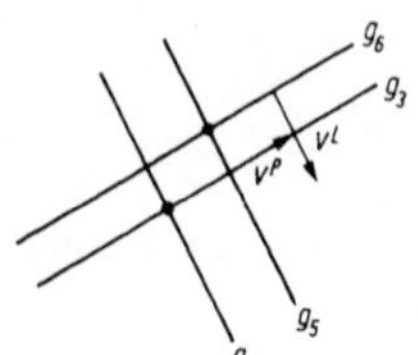

Abb. 29. Zusammensetzung einer Verschiebung mit einer Spiegelung

der Fall, daß g_3 nicht parallel und auch nicht senkrecht zu g_1 und g_2 verläuft.

In diesem Fall zerlegen wir die Verschiebung $s_2 \circ s_1 = v$ in eine Projektionskomponente v^P und eine Lotkomponente v^L bezüglich der Geraden g_3 (Abb. 29). Dann liegt v^P auf g_3, v^L steht senkrecht auf g_3 und

$$v = v^L \circ v^P.$$

Wir führen die Geraden g_4, g_5 und g_6 so ein, daß

$$v^P = s_5 \circ s_4 \quad \text{und} \quad v^L = s_3 \circ s_6.$$

Damit erhalten wir für die Isometrie

$$f = s_3 \circ s_2 \circ s_1 = s_3 \circ v = s_3 \circ v^L \circ v^P = s_3 \circ s_3 \circ s_6 \circ s_5 \circ s_4$$
$$= s_6 \circ s_5 \circ s_4.$$

Das ist aber wieder eine Schubspiegelung mit der Spiegelgeraden g_6 und der Verschiebung $v^P = s_5 \circ s_4$.

Folglich gibt es unter den ebenen Symmetrieabbildungen nur Geradenspiegelungen, Verschiebungen, Drehungen und Schubspiegelungen. Zum Abschluß dieses Kapitels stellen wir die verschiedenen Fälle noch einmal in einer Tabelle zusammen:

	Fix-punkte	Fix-geraden	Nacheinanderausführung von Geradenspiegelungen
Identität	alle $P \in E$	alle g	
Geradenspiege-lung s	alle $P \in g$	g und g' mit $g' \perp g$	
Verschiebung v	keine	g, wenn $\overrightarrow{PP'} \parallel g$	$v = s_2 \circ s_1$ 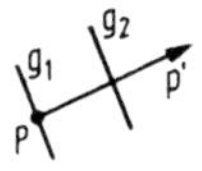
Drehung d	M Dreh-zentrum	bei $\pm 180°$ Drehung, alle Gera-den g mit $M \in g$, sonst keine	$d = s_2 \circ s_1$ 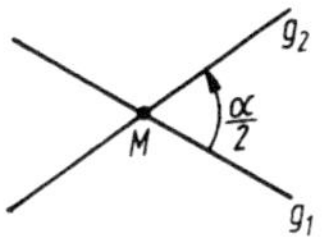
Gleitspiegelung $s \circ v$	keine	g Spiegel-gerade	$s \circ v = s_3 \circ s_2 \circ s_1$ 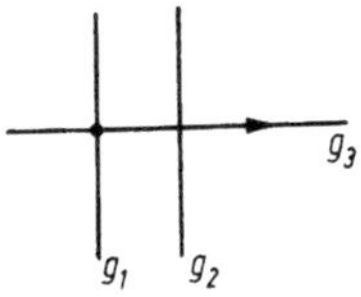

4. Die Gruppe Mot(E) der ebenen Bewegungen

4.1. Gruppenaxiome

Die Menge sämtlicher Bewegungen einer Ebene E werde mit Mot(E) bezeichnet (motion (lat.): Bewegung). Aus zwei Bewegungen a, b kann man durch Zusammensetzung der Abbildungen, indem man sie also hintereinander ausführt, eine neue Bewegung ab bilden. Das Resultat ab – welches auch das Produkt von a und b genannt wird – ist jene Bewegung, durch die ein beliebiger Punkt $P \in E$ in den Punkt $a(b(P))$ übergeht.

Im Unterschied zum Produkt von Zahlen, wo die Reihenfolge der Faktoren keinen Einfluß auf das Ergebnis hat, ist bei Abbildungen die Reihenfolge der Faktoren sehr wohl ausschlaggebend, was schon vorher gezeigt wurde und beispielsweise am Produkt zweier Spiegelungen an zwei parallelen Geraden deutlich wird. Beide Produkte ergeben Translationen, die aber zueinander entgegengesetzt gerichtet sind.

Mathematisch ist nicht die bloße Menge der Bewegungen bedeutungsvoll, sondern diese Menge zusammen mit der Produktbildung. Mot(E) soll immer als dieses Rechensystem verstanden werden. Es wird die volle *Bewegungsgruppe der Ebene E* genannt. Wie lauten nun die grundlegenden Rechenregeln in diesem Rechensystem? Die mathematische Forschung hat das im 19. Jahrhundert durch Beiträge vieler namhafter Wissenschaftler, z. B. C. F. GAUSS (1777–1855), A. L. CAUCHY (1789–1857), N. H. ABEL (1802–1829), E. GALOIS (1811–1832), herausarbeiten können. Die Produktbildung in Mot(E), d. h. die Zusammensetzung von Bewegungen a, $b \in \text{Mot}(E) \mapsto ab \in \text{Mot}(E)$, erfüllt die sogenannten *Gruppenaxiome*:

1. Assoziativität

Für je drei Elemente a, b, c aus Mot(E) gilt stets $a(bc) = (ab)c$. Es spielt also bei der Zusammensetzung keine Rolle, ob man erst a mit b und dann deren Produkt mit c zusammensetzt, oder a mit dem Produkt von b und c multipliziert. Aus diesem Grunde läßt man bei Mehrfachprodukten (entsprechend der Multiplikation von Zahlen bzw. Addition von Zahlen) Klammern überhaupt fort.

2. Existenz eines neutralen Elementes (Einselement)

Es gibt ein neutrales Element mit Mot(E), das die gleiche Rolle spielt wie bei der Zahlenmultiplikation die Eins. (Es ist dies die

Ruheabbildung – die identische Abbildung id –, die jeden Punkt P der Ebene E in sich selbst überführt.) Dieses Element von Mot(E) wollen wir jetzt im Zusammenhang mit der Produktbildung in Mot (E) mit 1 bezeichnen und das Einselement der Gruppe Mot(E) nennen. Bei jedem $a \in$ Mot(E) gilt für 1 stets die Gleichung

$$1a = a1 = a.$$

Anmerkungen: a) Aus der Existenz eines „Einselementes" ist sofort zu schließen, daß auch nur ein einziges solches neutrales Element mit der Eigenschaft

$$1 \cdot a = a \cdot 1 = a$$

bei allen $a \in$ Mot(E) vorhanden sein kann.
Es sei nämlich außerdem noch $u \cdot a = a \cdot u = a$ für alle $a \in$ Mot(E) und ein gewisses $u \in$ Mot(E). Dann ist einerseits $1 \cdot u = u \cdot 1 = u$, zum anderen hat man wegen der vorausgesetzten Neutralität von u auch $u \cdot 1 = 1 \cdot u = 1$. Das bedeutet $u = 1$.
b) Auf den ersten Blick scheint es ein Widersinn zu sein, die Ruheabbildung, die ja gar nichts bewegt, zu den Bewegungen zu rechnen. Aber erst durch die Mitbenutzung dieser Abbildung erhält man das geeignete mathematische Instrumentarium. (Vergleichbar ist das etwa mit der bedeutungsvollen Entdeckung der Null für das additive Zahlenrechnen!) Im Interesse möglichst knapper Ausdrucksweise zählt man in der Fachsprache deshalb auch die Ruheabbildung zu den Bewegungen.

3. Existenz von inversen Elementen
Zu jeder Bewegung $a \in$ Mot(E) existiert eine Bewegung $\tilde{a} \in$ Mot(E), so daß deren Produkte das Einselement 1 ergeben:

$$a \cdot \tilde{a} = \tilde{a} \cdot a = 1.$$

Anmerkungen: a) $\tilde{a}$ ist zu a eindeutig bestimmt. Dann sei auch noch $a \cdot \hat{a} = \hat{a} \cdot a = 1$. Dann folgt durch Multiplikation mit $\hat{a}a = 1$ $(\hat{a}a)\tilde{a} = \tilde{a}$. Wegen der Assoziativität ist also

$$(\hat{a}a)\tilde{a} = \hat{a}(a\tilde{a}) = \hat{a} \cdot 1 = \hat{a}, \text{ und das bedeutet } \tilde{a} = \hat{a}.$$

b) Ein Vergleich mit der Zahlenmultiplikation macht die Benennung „reziproke Bewegung" von a und deren Bezeichnung durch $\tilde{a} = a^{-1}$ verständlich. Bei diesem a^{-1} handelt es sich nämlich um die inverse Transformation zu a.

4.2. Transformationsgruppen, Permutationsgruppen, allgemeiner Gruppenbegriff

Die gleichen Eigenschaften der Assoziativität, der Existenz eines Einselementes und die Möglichkeit der Invertierbarkeit (Reziprokenbildung) trifft man nicht nur in Mot(E), sondern auch für das System aller Transformationen einer beliebigen nichtleeren Menge X hinsichtlich der Operation der Zusammensetzung an. Dabei ist in Verallgemeinerung des Falles der Ebene E unter einer Transformation $t \in \mathrm{Transf}(X)$ einer beliebigen nichtleeren Menge X eine eineindeutige Abbildung dieser Menge X auf sich zu verstehen. Das Rechensystem aller Transformationen von X heißt die volle *Transformationsgruppe* $\mathrm{Transf}(X)$ der Menge X. Für eine endliche Menge X kann man in die Transformationsgruppe $\mathrm{Transf}(X)$ einen guten Einblick erhalten. Hierbei wird zunächst eine Vereinfachung vorgenommen, indem man die beliebige nichtleere endliche Menge X ersetzt durch die Zahlenmenge $\mathbf{n} = \{1, 2, ..., n\}$, sofern X aus n Elementen besteht. Dazu denkt man sich die Menge X einfach durchnumeriert und ersetzt dann die Elemente durch ihre Nummern. Jeder erkennt, daß die Art der Numerierung keinen Einfluß auf die mathematischen Aussagen über die Menge hat. Es muß nur jedes Element von X genau eine Nummer bekommen. Eine Transformation $t : X \to X$ schreibt man nun üblicherweise als

$$t = \begin{pmatrix} 1 & 2 & ... & n \\ t(1) & t(2) & ... & t(n) \end{pmatrix},$$ indem das Transformationsergebnis unter

jede der zu transformierenden Nummern gesetzt wird. Hierfür hat sich anstelle von Transformation der Name *Permutation vom Grade n* – um auch gleich noch den Umfang der Menge mitzunennen – eingebürgert (permutare (lat.): vertauschen). Die Ergebniszeile

$t(1)$	$t(2)$	...	$t(n)$

enthält genau alle Zahlen von 1 bis n, aber in den von t vorgeschriebenen Vertauschungen. Die volle Transformationsgruppe, bestehend aus allen Permutationen vom Grade n, heißt die *symmetrische Gruppe vom Grade n*. Sie wird mit $\mathbf{S}_n$ bezeichnet. Die Elemente von $\mathbf{S}_n$ entsprechen allen möglichen Anordnungen der Zahlen 1 bis n zu einer „Ergebniszeile". Es gibt genau $n!$ $(= 1 \cdot 2 \cdot 3 \cdot ... \cdot n)$ verschiedene Permutationen vom Grade n. Anzahl $(\mathbf{S}_n) = n!$ (gelesen:

n Fakultät). Das Einselement in der Gruppe S_n ist die identische Permutation $\begin{pmatrix} 1 & 2 & \dots & n \\ 1 & 2 & \dots & n \end{pmatrix}$.

Die inverse Permutation t^{-1} einer gegebenen Permutation

$$t = \begin{pmatrix} 1 & 2 & & n \\ t(1) & t(2) & \dots & t(n) \end{pmatrix}$$

ist einfach die Zuordnung von unten nach oben gelesen: $t(1) \mapsto 1$, $t(2) \mapsto 2$, ... Die Zusammensetzung in S_n – die Produktbildung – geschieht in der Hintereinanderausführung der Abbildungen (hier der Zahlenfunktionen). Also ist st für $s,\ t \in S_n$ die Permutation, die der 1 die Zahl $s(t(1))$ zuordnet, der 2 die Zahl $s(t(2))$, etc. (Abb. 30).

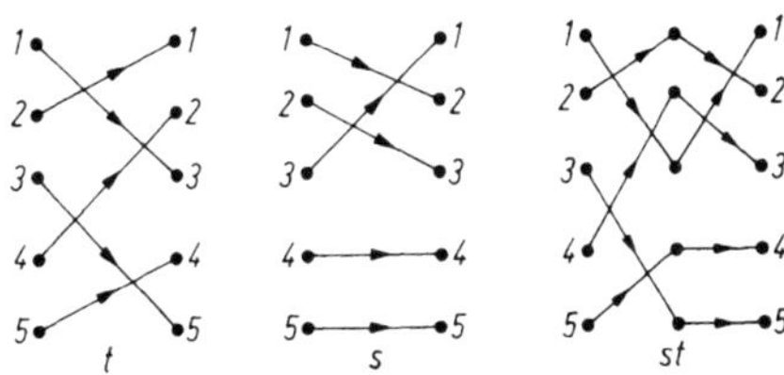

Abb. 30. Zur Produktbildung zweier Permutationen

In den Abbildungsverlauf einer Permutation $s \in S_n$ vermag man gut einzudringen, wenn man die „Bahnkurven" der einzelnen Elemente $i \in \{1, 2, \dots, n\}$ verfolgt. Man startet beispielsweise mit dem Element 1 und sucht $s(1)$ auf, sodann von diesem Bildelement wiederum das Bild unter der Wirkung von s usw. Weil nur n zu permutierende Elemente zur Verfügung stehen, muß spätestens nach n Schritten erstmalig wieder der Punkt 1 erreicht werden. Auf diese Weise zerfällt die Menge $\{1, 2, \dots, n\}$ durch s in zyklische Bahnkurven, und s ist vollständig durch diese Zyklenangaben festgelegt. Man bedient sich daher für s auch einer sogenannten Zyklenschreibweise.

Beispiele:

1. Es sei $s \in S_3$ mit $s = \begin{pmatrix} 1 & 2 & 3 \\ 2 & 3 & 1 \end{pmatrix}$.

   Die Zyklen in s sind: $1 \mapsto 2 \mapsto 3 \mapsto 1$. Dafür schreibt man $s = (1\ \ 2\ \ 3)$. Die Zuordnung vollzieht sich zyklisch von links nach rechts!

2. Es sei $s \in S_4$ mit $s = \begin{pmatrix} 1 & 2 & 3 & 4 \\ 4 & 2 & 1 & 3 \end{pmatrix}$.

   Die Zyklen in s sind: $1 \mapsto 4 \mapsto 3 \mapsto 1$; $2 \mapsto 2$. Hierbei ist 2 ein Fixpunkt. Dafür schreibt man insgesamt $s = (1\ 4\ 3)\ (2)$ oder (143), indem man den Fixpunkt noch wegläßt.

3. Es sei $s \in S_5$ mit $s = \begin{pmatrix} 1 & 2 & 3 & 4 & 5 \\ 1 & 4 & 5 & 2 & 3 \end{pmatrix}$.

   Die Zyklen in s sind: $1 \mapsto 1$; $2 \mapsto 4 \mapsto 2$; $3 \mapsto 5 \mapsto 3$. Dafür schreibt man $(1)\ (24)\ (35)$ oder kurz $(24)\ (35)$.

4. Die identische Permutation $1 \in S_n$ schreibt man als Zyklus (1) (2) ... (n) oder kurz als (1).

   Die Produktbildung anhand der Zyklendarstellung von Permutationen bereitet auch keine Schwierigkeiten. Man hat konsequent die Zusammensetzung von Abbildungen von rechts nach links abzuarbeiten, wobei sich in jedem einzelnen (Zykel)-Faktor die Zuordnungsanweisung von links nach rechts vollzieht!

5. $s, t \in S_4$ mit $s = (1\ 4\ 2)$, $t = (1\ 2\ 3)$,
   $st = (142)\ (123) = (1)\ (234) = (234)$.

6. $s, t, r \in S_5$ mit $s = (25)$, $t = (124)$, $r = (1354)$, $str = (13245)$.

Für die Gruppen S_2 und S_3 stellen wir nun durch Benutzung der Zyklenschreibweise die vollständige Multiplikationstafel auf:

S_2

l-Faktor \\ r-Faktor	(1)	(12)
(1)	(1)	(12)
(12)	(12)	(1)

r: rechter Faktor

l: linker Faktor

S_3

l-Faktor \\ r-Faktor	(1)	(12)	(13)	(23)	(123)	(132)
(1)	(1)	(12)	(13)	(23)	(123)	(132)
(12)	(12)	(1)	(132)	(123)	(23)	(13)
(13)	(13)	(123)	(1)	(132)	(12)	(23)
(23)	(23)	(132)	(123)	(1)	(13)	(12)
(123)	(123)	(13)	(23)	(12)	(132)	(1)
(132)	(132)	(23)	(12)	(13)	(1)	(123)

Über die Inversen der Gruppenelemente liest man aus diesen Tafeln nachstehende Liste ab:

S_2	Element	(1)	(12)				
	Inverses	(1)	(12)				
S_3	Element	(1)	(12)	(13)	(23)	(123)	(132)
	Inverses	(1)	(12)	(13)	(23)	(132)	(123)

Die S_2 ist eine 2elementige Gruppe. In ihr wird genauso gerechnet, wie in der Zahlenmenge $\{+1, -1\}$ bezüglich der gewöhnlichen Zahlenmultiplikation. Das Einselement hierin ist die Zahl $+1$. Die Zahl -1 ist Inverses von sich selbst. Das System, bestehend aus der Nulldrehung $d_{0,M}$ und der 180°-Drehung $d_{180,M}$ um einen Punkt M der Ebene E, bildet bzgl. der Produktbildung von ebenen Bewegungen ebenfalls eine 2elementige Gruppe. Letztere ist ein Teil der Bewegungsgruppe Mot(E). Es handelt sich dabei um die Drehgruppe eines 2speichigen Wirbelrades. Eine andere geometrische 2elementige Gruppe bekommt man, wenn zum Beispiel eine 1blättrige Rosette betrachtet wird (Abb. 31). Die Symmetriegruppe dieser Figur besteht neben der Identität nur noch aus einer Geradenspiegelung.

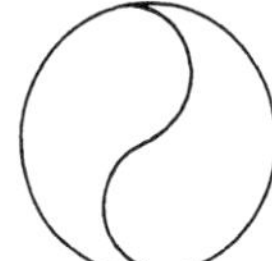 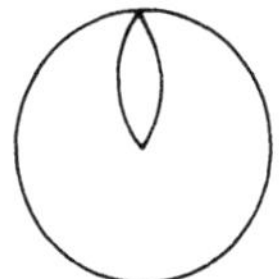

Abb. 31. 2speichiges Wirbelrad und 1blättrige Rosette.

Verschiedene Punkte $M \in E$ liefern verschiedene Drehgruppen; verschiedene Geraden $g \subset E$ liefern verschiedene Spiegelungsgruppen. Dennoch haben alle diese 2elementigen geometrischen Gruppen sowie auch die Zahlengruppe der Einheiten $+1, -1$ von $\mathbb{R}$ und die Permutationsgruppe S_2 eines gemeinsam: ihre Multiplikationstafeln lassen sich bei geeigneter Anordnung der Tafeleingänge zur Deckung bringen. So wie man geometrische Figuren, die sich zur Deckung bringen lassen, als nicht wesentlich verschieden ansieht (Figurenkongruenz), so hat man für Gruppen den Begriff der Strukturgleichheit (Isomorphie). Für zwei zueinander isomorphe Gruppen G und H schreibt man $G \simeq H$. Alle 2elementigen Gruppen sind untereinander isomorph! Es sei nämlich G eine Gruppe mit zwei Elementen. Außer dem Einselement 1 von G gibt es nur ein weiteres Element $a \in G$. a hat ein Inverses. Dieses kann nicht 1 sein, also stimmt a mit seinem Inversen überein. Die Multiplikationstafel sieht daher wie folgt aus:

	1	a
1	1	a
a	a	1

Damit ist belegt, daß alle 2elementigen Gruppen übereinstimmende Multiplikationstafeln haben.

Es gibt auch 3elementige Gruppen. In der 6elementigen Gruppe S_3 bilden die Permutationen (1), (123) und (132) eine 3elementige Untergruppe. Man findet auch leicht 3elementige Drehgruppen. Es stellt sich wieder heraus, daß alle 3elementigen Gruppen untereinander isomorph sind! Der Leser möge dies selbständig bestätigen! Jedoch gibt es zwei 4elementige Gruppen, die nicht mehr zueinander isomorph sind: Betrachtet man beispielsweise für ein Quadrat in einer Ebene die Drehgruppe Rot($\square$) und für ein Rechteck, das kein Quadrat ist, die Symmetriegruppe Sym($\square$), so hat man

$$\text{Rot}(\square) \neq \text{Sym}(\square) \, .$$

Elemente von Rot($\square$): id, 90°-Drehung, 180°-Drehung, 270°-Drehung. Inverses der 90°-Drehung ist die 270°-Drehung und umgekehrt. Elemente von Sym($\square$): id, Spiegelung an Längsmittellinie, Spiegelung an Quermittellinie, 180°-Drehung.

Hier ist jedes Element zu sich selbst invers. Dann können aber die beiden Gruppen nicht isomorph zueinander sein.

(Im Abschnitt 4.4. werden wir bestätigen, daß jede beliebige 4elementige Gruppe entweder zu Rot($\square$) oder zu Sym($\square$) isomorph sein muß.)

Auch für unendliche Gruppen ist die Isomorphie von hervorragender Bedeutung. Es sollen einige erste Beispiele mit Zahlengruppen folgen:

Die ganzen Zahlen bilden bezüglich der Addition die *additive Gruppe der ganzen Zahlen*: $\mathbb{Z}^+$. (Hinsichtlich der Multiplikation in $\mathbb{Z}$ gilt so etwas nicht, da ja nur die Zahlen $+1$ und -1 multiplikative Inverse besitzen.)

Es bezeichne $n\mathbb{Z}$ die Menge $\{n \cdot a : a \in \mathbb{Z}\}$, d. h. alle durch n ($n \in \mathbb{N}$) teilbaren ganzen Zahlen. $n\mathbb{Z}$ bildet bezüglich der Addition ebenfalls eine Gruppe: $n\mathbb{Z}^+$. Das ist eine Untergruppe von $\mathbb{Z}^+$.

$n\mathbb{Z}^+$ und $\mathbb{Z}^+$ sind isomorph zueinander. (Was man durch die Zuordnung $na \mapsto a$, $a \in \mathbb{Z}$ nachweist!)

Die reellen Zahlen bilden bezüglich der Addition die additive Gruppe der reellen Zahlen: $\mathbb{R}^+$.
Die von Null verschiedenen reellen Zahlen bilden bezüglich der Multiplikation die *multiplikative Gruppe der reellen Zahlen*: $\mathbb{R}^*$.

Die von Null verschiedenen positiven reellen Zahlen bilden bezüglich der Multiplikation die multiplikative Gruppe der positiven reellen Zahlen: $\mathbb{R}^*(>0)$.

In der Mathematikentwicklung war die Entdeckung der Logarithmen ein bedeutsamer Fortschritt. Durch sie ließ sich die Multiplikation in $\mathbb{R}^*(>0)$ mittels der leichteren Addition in $\mathbb{R}^+$ ausführen. Vom gruppentheoretischen Standpunkt drückt sich die Existenz der Logarithmen durch die Isomorphie der beiden Gruppen $\mathbb{R}^*(>0)$ und $\mathbb{R}^+$ aus.
Die Isomorphie ist gleichwertig mit einer eineindeutigen Abbildung l von $\mathbb{R}^*(>0)$ auf $\mathbb{R}^+$ mit der Eigenschaft

$$l(x \cdot y) = l(x) + l(y) \quad \text{für} \quad x, y \in \mathbb{R}^*(>0).$$

4.3. Potenzrechnung in einer Gruppe

Beim Zahlenrechnen verwendet man für Mehrfachprodukte mit gleichen Faktoren bekanntlich die Potenzschreibweise. Solches ist auch in einer beliebigen Gruppe nützlich. Man versteht also unter a^n, $n \geqq 2$, $a \in \mathbf{G}$, das Element

$$\underbrace{a\,a \dots a}_{n\text{-mal}}.$$

Dann gelten die Potenzregeln

$$\left.\begin{aligned} a^n \cdot a^m &= a^{n+m} = a^m \cdot a^n \\ (a^n)^m &= a^{n \cdot m} \end{aligned}\right\} \quad n, m \in \mathbb{N}; \quad n, m > 1. \tag{$*$}$$

Wenn man noch unter a^1 das Element a und unter a^0 das Einselement 1 der Gruppe versteht, dann gilt $(*)$ sogar ausnahmslos für alle n, $m \in \mathbb{N} \cup \{0\}$. Die Potenzregeln können nun noch auf alle n, $m \in \mathbb{Z}$ ausgedehnt werden; man setzt dazu $a^{-n} := (a^n)^{-1}$ bei $n \in \mathbb{N}$.
In der Gruppe $\mathbf{G}$ kann ein Element a zu sich selbst invers sein: $a = a^{-1}$. Diese Bedingung ist offenbar gleichbedeutend mit $a^2 = 1$. Ein solches Element a nennt man verständlicherweise ein Element

2ter Ordnung. In $\mathbb{Z}^+$ ist nur die Zahl 0 zu sich selbst invers. In $\mathbb{Q}^*$ und $\mathbb{R}^*$ sind genau die beiden Zahlen $+1$ und -1 zu sich selbst invers. In Mot(*E*) sind offenbar die Spiegelungen an Geraden und die 180°-Drehungen (Digyren; gyro (griech.): einen Kreis machen), das sind die Punktspiegelungen, von 2ter Ordnung. Andere Elemente 2ter Ordnung in Mot(*E*) kann es auch nicht geben, denn Verschiebungen und Schubspiegelungen scheiden dafür aus.

In Mot(*E*) finden sich auch Elemente $a \neq 1$, für die erst bei einem höheren Exponenten $n \in \mathbb{N}$, $n > 2$, $a^n = 1$ wird. Beispielsweise sind die Trigyren (d. h. 3er-Drehungen, also Drehungen um 120° oder 240°) von 3ter Ordnung. Allgemein heißt ein Element a einer Gruppe **G** von n-ter Ordnung, $n \in \mathbb{N}$, wenn $a^n = 1$ gilt, aber für keine kleinere natürliche Zahl k schon $a^k = 1$ eintritt. Elemente $a \in \mathbf{G}$, für die es keine natürliche Zahl n mit $a^n = 1$ gibt, heißen von unendlicher Ordnung in der Gruppe **G**.

In der Gruppe $\mathbb{Z}^+$ ist jede von Null verschiedene Zahl ein Element unendlicher Ordnung.

Eine Gruppe, die selbst nur endlich viele Elemente aufweist, hat natürlich auch nur Elemente endlicher Ordnung. Von den Gruppen $\mathbf{S}_2$ und $\mathbf{S}_3$ läßt sich die Elementeordnung einfach ermitteln:

$\mathbf{S}_2$	Element	(1)	(12)
	Ordnung	1	2

$\mathbf{S}_3$	Element	(1)	(12)	(13)	(23)	(123)	(132)
	Ordnung	1	2	2	2	3	3

Offenbar gilt in der symmetrischen Gruppe $\mathbf{S}_n$ für eine Permutation t, die als Produkt von elementfremden Zyklen dargestellt ist: ord t = kgV der Zyklenlängen.

Die Elementeordnung in einer endlichen Gruppe kann nicht willkürlich sein, sondern hängt mit der Gruppenordnung nach dem wichtigen *Lagrangeschen Teilersatz* so zusammen:

Die Ordnung eines jeden Gruppenelements ist ein Teiler der Gruppenordnung.

(Für den Beweis vgl. man 4.6. Untergruppen und Normalteiler.) Es gibt aber auch unendliche Gruppen, wo jedes Gruppenelement eine endliche Ordnung besitzt. Als Beleg für diese Aussage diene beispielsweise die Gruppe aller ebenen Drehungen um einen festen Drehpunkt mit einem positiven rationalzahligen Vielfachen des

Vollwinkels als Drehwinkel α, d. h. $\alpha = \dfrac{m}{n} \cdot 360°$, m, $n \in \mathbb{N}$. Die sämtlichen Potenzen eines beliebigen Elementes a einer beliebigen Gruppe $\mathbf{G}$ bilden selbst wieder eine Gruppe, wie man sich sofort überzeugt. Diese Gruppe heißt die von dem Element a in $\mathbf{G}$ *erzeugte Gruppe* gr(a). Es sind dabei zwei Fälle möglich:

1. Fall: Alle Potenzen a^n, $n \in \mathbb{Z}$, sind untereinander verschieden. In diesem Falle ist die Gruppe gr(a) unendlich. In ihr wird genauso gerechnet wie in der additiven Gruppe $\mathbb{Z}^+$. Dazu braucht man ja nur die natürliche Zuordnung $\mathbb{Z} \ni n \mapsto a^n \in$ gr(a) zu treffen. Diese vermittelt eine eineindeutige Abbildung von $\mathbb{Z}$ auf die Menge gr(a). Die Operation der Addition in $\mathbb{Z}$ geht durch diese Zuordnung wegen der Potenzgesetze in die Multiplikation der Elemente von gr(a) über. Die beiden Gruppen $\mathbb{Z}^+$ und gr(a) (in $\mathbf{G}$) kann man anhand der Gruppenoperationen nicht mehr unterscheiden; sie sind isomorph. Ihre Operationstafeln sind völlig gleich aufgebaut. Die fungierende Abbildung, welche die Isomorphie erkennen läßt, heißt ein Isomorphismus zwischen den Gruppen. Beispielsweise sei d eine Drehung um einen fixierten Punkt M mit einem Drehwinkel $r \cdot 360°$, wobei r eine irrationale Zahl ist. Dann sind die Potenzen d^n, $n \in \mathbb{Z}$, alle untereinander verschieden. In diesem Falle ist also $\mathbb{Z}^+$ isomorph zu der Gruppe gr(d) (in Mot(E)).

2. Fall: Es könnte sein, daß nicht alle a^k, $k \in \mathbb{Z}$, voneinander verschieden sind. Es würde dann also zwei verschiedene Zahlen m, $n \in \mathbb{Z}$ geben mit $a^n = a^m$. Wir nehmen an, es sei $n > m$. Dann ist $a^{n-m} = 1$. Die zweite Möglichkeit tritt also genau dann ein, wenn das Element a aus der Gruppe $\mathbf{G}$ von endlicher Ordnung ist. Hingegen tritt die erste Möglichkeit genau dann in Erscheinung, wenn das Element $a \in \mathbf{G}$ eine unendliche Ordnung hat. Im zweiten Falle besteht gr(a) aus den endlich vielen verschiedenen Elementen 1, a, a^2, ..., a^{n-1}, sofern $n \in \mathbb{N}$ die Ordnung vom Element a angibt.

4.4. Zyklische und diedrale Gruppen

Im vorhergehenden Abschnitt tauchten mit den von einem Element erzeugten Gruppen die einfachsten Gruppen überhaupt auf. Für diesen Typ hat sich die Benennung *zyklische* Gruppen eingebürgert (cyclus (lat.): Kreis). Für jedes $n \in \mathbb{N}$ gibt es bis auf Isomorphie nur eine zyklische Gruppe der Ordnung n (n ist die An-

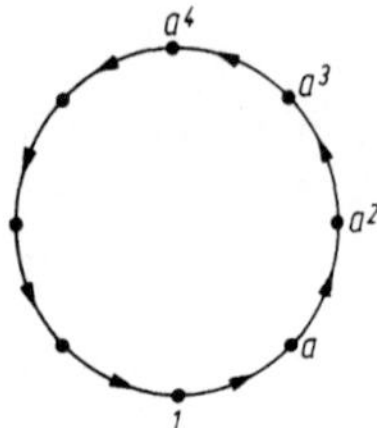

Abb. 32. Die zyklische Anordnung der Gruppe $\mathbf{C}_n$

zahl der Gruppenelemente). Dieser Gruppentyp wird mit $\mathbf{C}_n$ bezeichnet. In $\mathbf{C}_n$ gibt es also ein Element a, so daß $\mathbf{C}_n$ aus den Elementen $a^0 = 1$, a^1, ..., a^{n-1} besteht. a^n wäre wieder 1. Mit den aufeinanderfolgenden Potenzen von a wird die ganze Gruppe $\mathbf{C}_n$ durchlaufen, und bei dem Exponenten n schließt sich die „Bahnkurve" zu einem Zyklus (Abb. 32).

Beispielsweise ist die Gruppe, die von einer Drehung d um einen Punkt mit dem Drehwinkel $\alpha = (1/n) \cdot 360°$ erzeugt wird, eine zyklische Gruppe der Ordnung n, d.h. $\mathrm{gr}(d) \simeq \mathbf{C}_n$ (in Mot(E)). Eine weitere Gruppe vom Typ $\mathbf{C}_n$, $n \in \mathbb{N}$, ist folgende:

Die Elemente seien die Reste bzgl. der Zahl n, d.h. $0, 1, ..., n-1$. In diesem Restesystem addiere man modulo n, d.h., man addiert gewöhnlich und reduziert aber das Resultat auf den Rest bzgl. n. Diese Gruppe der Reste modulo n bezeichnet man mit $\mathbb{Z}_n^+$. Obgleich sich die Elemente der Drehgruppe $\mathrm{gr}(d)$ von denen der Restegruppe $\mathbb{Z}_n^+$ unterscheiden, zeigt die natürliche Zuordnung $\mathbb{Z}_n^+ \ni k \mapsto d^k$, daß die beiden Gruppen sich hinsichtlich der Gruppenoperation völlig gleich verhalten, daß sie isomorph zueinander sind:

$$\mathbb{Z}_n^+ \simeq \mathbf{C}_n.$$

Denkt man sich die Gruppenordnung für $\mathbf{C}_n$ immer weiter wachsend, so kann man als Grenzfall die von einem Element erzeugte unendliche Gruppe ansehen (Abb. 33).

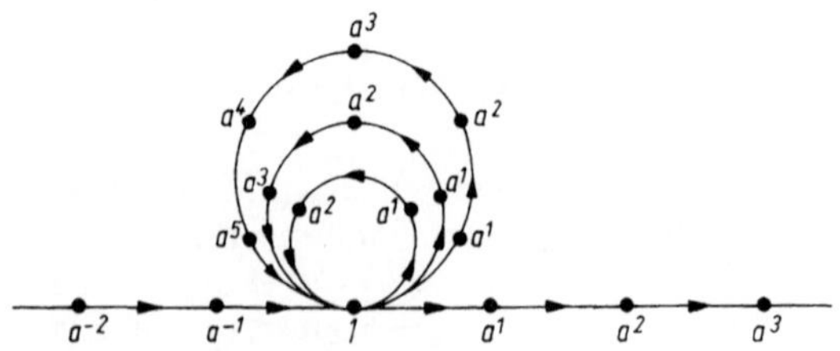

Abb. 33. Wachsende Zyklen $\mathbf{C}_n$, $n = 3$, ..., und der Grenzfall $\mathbf{C}_\infty$, $\mathbf{C}_\infty \simeq \mathbb{Z}^+$

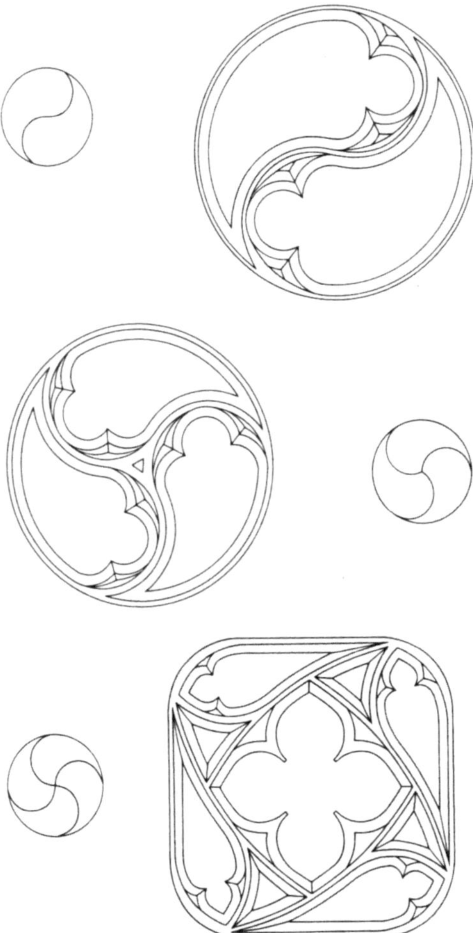

Abb. 34. Wirbelräder mit der Symmetriegruppe C_2, C_3, C_4 und im gotischen Fischblasenmotiv realisierte Ornamente mit diesem Symmetrietyp

Werfen wir nun einen ersten Blick auf ebene Ornamente, deren Symmetriestruktur durch eine zyklische Gruppe gegeben wird: Ein Wirbelrad mit n Speichen läßt als Symmetrieabbildungen nur Drehungen zu. Es gibt eine Elementardrehung, so daß alle anderen Symmetrien des n-speichigen Wirbelrades durch Iteration der Elementardrehung hervorgehen. Die Symmetriegruppe ist vom Typ $\mathbf{C}_n$ (Abb. 34).

Für den Fall des Symmetrietyps $\mathbf{C}_\infty$ kann man beispielsweise das folgende, nur translationssymetrische Ornament heranziehen, welches man sich als beiderseits ins Unendliche gehendes Band vorzustellen hat (Abb. 35).

Abb. 35. Ein Fries mit dem Symmetrietyp $\mathbf{C}_\infty$

Die Symmetriegruppe dieses Friesornaments wird von einer Elementartranslation erzeugt, die etwa um ein Feld nach rechts verschiebt.

Die Symmetrien eines Wirbelrades lassen sich noch um Spiegelungen vermehren, wenn man die Speichen selbst nach beiden Seiten symmetrisch gestaltet und auf diese Weise eine Blattrosette erhält (Abb. 36).

Damit ist zu jeder Drehung noch jeweils eine Spiegelung an einer Geraden durch den Kreismittelpunkt hinzugekommen. Die Symmetriegruppe einer Blattrosette mit $n = 1, 2, 3 \ldots$ Blättern weist also $2n$ Elemente auf. Davon entfällt die eine Hälfte auf die Drehungen und die andere auf die Spiegelungen. Es bezeichnet etwa d die Elementardrehung mit dem Drehwinkel $360°/n$ und s eine Spiegelung an einer Blattachse. Dann sind die Drehungen gegeben durch $1, d, d^2, \ldots, d^{n-1}$ und die Spiegelungen durch $s, ds, d^2s, \ldots, d^{n-1}s$ (Abb. 37).

Die Struktur der Symmetriegruppen eines n-speichigen Wirbelrades war völlig bestimmt durch die Tatsache, daß es ein erzeugendes Element a gibt, das der Potenzbeziehung $a^n = 1$ genügt. Dazu entsprechend ist die Struktur der Symmetriegruppe einer n-blättrigen Rosette völlig bestimmt durch die Tatsache, daß es zwei erzeugende Elemente a, b gibt (d. h. alle anderen sind gewisse Potenz-

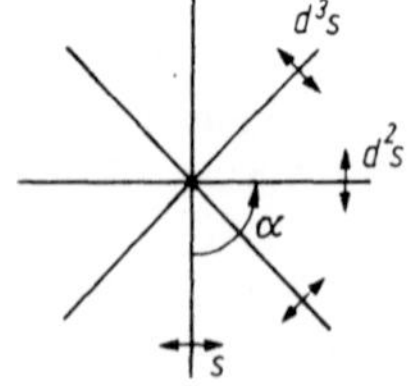

Abb. 37. Die Spiegelungen einer Blattrosette als Potenzprodukte der Elementardrehung und einer Spiegelung

Abb. 36. Blattrosetten mit 1,2,3,4 Blättern und künstlerisch gestaltete Beispiele der gotischen Maßwerkfüllung mit dem Symmetrietyp der Blattrosetten

produkte von diesen beiden), die den Potenzbeziehungen

$$a^n = 1, \; b^2 = 1 \quad \text{und} \quad (ab)^2 = 1$$

genügen. Durch diese Potenzeigenschaften ist nämlich wirklich eine Gruppe festgelegt. Ihre Elemente sind dann $1, a, a^2, \ldots, a^{n-1}$, $b, ab, a^2 b, \ldots, a^{n-1} b$. Dabei sind die Elemente $a^k b$ auch von 2ter Ordnung, denn es ist zunächst $a^i b = b a^{n-i}$. Aus $abab = 1$ ergibt sich nämlich durch Multiplikation mit b von rechts

$$ababb = b, \quad \text{d. h.} \quad aba\,1 = b, \quad \text{also} \quad aba = b.$$

Sodann erhält man durch Multiplikation mittels a^{n-1} von rechts $ab = ba^{n-1}$. Induktiv folgt somit $a^2 b = aba^{n-1} = ba^{2(n-1)} = ba^{n-2}$, $a^3 b = ba^{n-3}$ etc.

Man bildet $a^i b a^i b$. Das liefert

$$a^i b a^i b = a^i b b a^{n-i} = a^i a^{n-i} = a^n = 1.$$

Diese $2n$-elementige Gruppe heißt *diedrale Gruppe* $\mathbf{D}_n$ (man liest das als „di-edral").

Es gilt $\mathrm{Sym}(n\text{-blättrige Rosette}) \simeq \mathbf{D}_n$.

Die Bezeichnung diedral kommt von Dieder, worunter man – wie bei den regelmäßigen Körpern Tetraeder (4Flächner), Hexaeder (6Flächner = Würfel), Oktaeder (8Flächner) – einen 2Flächner versteht und damit ein regelmäßiges n-Eck als 2seitigen Körper ansieht. Dann ist $\mathrm{Rot}(n\text{-Dieder}) \simeq \mathbf{D}_n$. Anstelle des n-Ecks kann man auch eine Doppelpyramide P_n über einem regelmäßigen n-Eck betrachten (wobei die 2 kongruenten Höhen so zu wählen sind, daß als Seitenflächen zwar gleichschenklige, aber keine gleichseitigen Dreiecke entstehen, weil sonst im Falle einer quadratischen Grundfläche ein Oktaeder entsteht, welches zusätzliche Symmetrien besitzt). Dann gilt $\mathrm{Rot}(P_n) \simeq \mathbf{D}_n$ (Abb. 38).

Hier schalten wir jetzt noch die in Abschnitt 4.2. angekündigten Betrachtungen über die Isomorphietypen der Gruppen $\mathbf{G}$ der Gruppenordnung 4 ein. Jedes Gruppenelement von $\mathbf{G}$ hat eine Ordnung, die Teiler von 4 ist. Demzufolge gibt es nur die beiden Fälle, daß entweder alle vom Einselement verschiedenen Elemente die Ordnung 2 besitzen, oder es findet sich ein Element der Ordnung 4. Im ersten Falle seien zwei Elemente a, b von der Ordnung 2 ausgewählt. Dann ist $ab \neq 1$, also hat auch ab die Ordnung 2. Somit erhält man

$$\mathbf{G} \simeq \mathbf{D}_2 \simeq \mathrm{Sym}(\square).$$

Im zweiten Falle wird $\mathbf{G}$ zyklisch von der Ordnung 4. Dies bedeu-

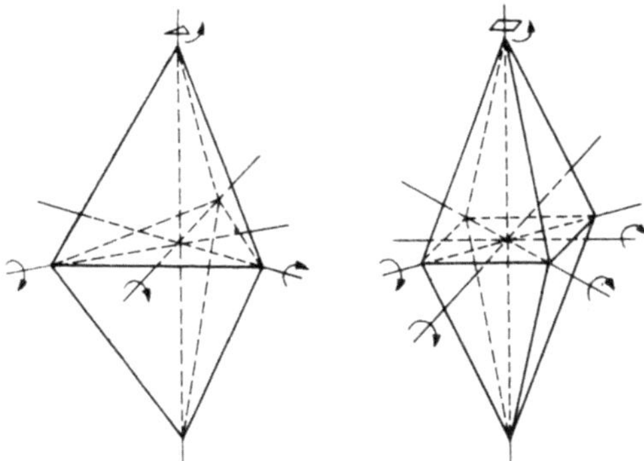

Abb. 38. Zu den Drehachsen einer Doppelpyramide

tet

$$\mathbf{G} \simeq \mathbf{C}_4 \simeq \mathrm{Rot}(\square).$$

Entsprechend dem Übergang vom endlichen $\mathbf{C}_n$ zur unendlichen zyklischen Gruppe $\mathbf{C}_\infty$ vollzieht sich auch ein Übergang von den endlichen Diedergruppen $\mathbf{D}_n$ zu der unendlichen Diedergruppe $\mathbf{D}_\infty$ (Abb. 39). Diese hat die Elemente

$$\ldots, a^{-2}, a^{-1}, 1, a, a^2, \ldots, a^n, \ldots$$
$$\ldots, a^{-2}b, a^{-2}b, b, ab, a^2b, \ldots, a^nb, \ldots,$$

Abb. 39. Ein Fries mit einer Symmetriegruppe vom Typ $\mathbf{D}_\infty$ und ein künstlerisch gestaltetes Beispiel

wobei jedes Element

$a^n b$, $n \in \mathbb{Z}$, von 2. Ordnung ist, also die Beziehung

$a^n b a^n b = 1$ besteht, was gleichwertig wird zu

$a^n b = b a^{-n}$.

Die sämtlichen Symmetrieabbildungen dieses Frieses sind gegeben durch die Vielfachen a^n der Elementartranslation (a ist die Verschiebung um einen Schritt nach rechts) und die Spiegelungen $a^n b$ an den Querachsen. Wenn etwa b eine Spiegelung an der Querachse des Frieses an der Stelle 0 bedeutet, so wird $a^n b$ für gerades $n = 2k$ die Spiegelung an der k-ten Blattachse und $a^k b$ die Querachsenspiegelung an der Stelle $k/2$.

4.5. Multiplikationstafel für die Bewegungsgruppe der Ebene

Wie bereits am Anfang dieses Kapitels erwähnt, bilden die Bewegungen, d. h. die Verschiebungen $v_{\overrightarrow{PQ}}$, Drehungen $d_{\alpha, M}$, Geradenspiegelungen s_g und Schubspiegelungen $s_{g, \overrightarrow{RS}}$, eine Gruppe. Die Nacheinanderausführung von zwei Bewegungen dieser Art ergibt also wieder eine dieser vier Bewegungen. Welche wir aber erhalten, ist nicht immer gleich so offensichtlich wie etwa bei der Nacheinanderausführung von zwei Verschiebungen. Wir haben die Ergebnisse in einer entsprechenden Gruppentafel zusammengestellt. Bei der Ermittlung des Resultats der Verknüpfung zweier Bewegungen bedienen wir uns dabei am besten der Darstellung dieser Bewegungen durch Spiegelungen, wie wir dies schon des öfteren im Kapitel 3. angewandt haben. Wir wollen dabei noch ausdrücklich auf die Tatsache hinweisen, daß im allgemeinen die Nacheinanderausführung von zwei Spiegelungen nicht kommutativ ist; die Kommutativität für Spiegelungen gilt aber, wenn die Spiegelgeraden senkrecht aufeinander stehen. Außerdem heben wir noch einmal hervor, daß bei Drehungen der Drehwinkel α immer zwischen $0°$ und $360°$ gerechnet wird ($0 \leq \alpha < 360°$). Wenn sich also bei der Addition von Drehwinkeln ein Winkelwert $\geq 360°$ einstellt, so ist dieser modulo $360°$ zu reduzieren.

Multiplikationstafel

r-Faktor l-Faktor	$v_{\overrightarrow{PQ}}$	s_g	$d_{\alpha,\,M}$	$s_{g,\,\overrightarrow{RS}}$
$v_{\overrightarrow{P'Q'}}$	1. Verschiebung $v_{\overrightarrow{PU}}$	2. a) $\overrightarrow{P'Q'}\perp g$: Spiegelung s_h b) $P'Q'\not\perp g$: Schubspiege- lung $s_{h,\,\overrightarrow{AB}}$	3. Drehung $d_{\alpha,\,N}$	4. Schubspiege- lung $s_{h,\,\overrightarrow{AB}}$
$s_{g'}$	5. a) $\overrightarrow{PQ}\perp g$: Spiegelung s_h b) $\overrightarrow{PQ}\not\perp g$: Schub- spiegelung $s_{h,\,\overrightarrow{AB}}$	6. a) $g'\parallel g$: Verschiebung $v_{\overrightarrow{AB}}$ b) $g'\not\parallel g$: Drehung $d_{\beta,\,N}$	7. a) $M\in g'$: Spiege- lung s_h b) $M\notin g'$: Schubspie- gelung $s_{h,\,\overrightarrow{AB}}$	8. a) $g\parallel g'$: Verschiebung $v_{\overrightarrow{AB}}$ b) $g\not\parallel g'$: Drehung $d_{\beta,\,N}$
$d_{\alpha',\,M'}$	9. Drehung $d_{\alpha',\,N}$	10. a) $M\in g'$: Spiegelung s_h b) $M\notin g'$: Schubspie- gelung $s_{h,\,\overrightarrow{AB}}$	11. a) $N=M$: Drehung $d_{\alpha+\alpha',\,M}$ b) $N\neq M$: Drehung oder Ver- schiebung	12. Schubspiege- lung $s_{h,\,\overrightarrow{AB}}$
$s_{g'},\,\overrightarrow{R'S'}$	13. Schubspie- gelung $s_{h,\,\overrightarrow{AB}}$ (Spiegelung)	14. a) $g\parallel g'$: Verschiebung $v_{\overrightarrow{AB}}$ b) $g\not\parallel g'$: Drehung $d_{\beta,\,N}$	15. Schubspie- gelung $s_{h,\,\overrightarrow{AB}}$	16. a) $g'\parallel g$: Verschiebung $v_{\overrightarrow{AB}}$ b) $g'\not\parallel g$: Drehung $d_{\beta,\,N}$

1.   Die Verschiebung wird $v_{\overrightarrow{PU}}$, wobei $\overrightarrow{QU}=\overrightarrow{P'Q'}$ ist.

2.a) Die Spiegelgerade h verläuft parallel zu g und ist von g um die Hälfte des Verschiebungspfeils $\overrightarrow{P'Q'}$ entfernt.

2.b) h ist ebenfalls parallel zu g und um die Hälfte des Lotes vom

Punkt Q' auf g von g entfernt. (Dabei gilt $P' \in g$, was durch entsprechende Parallelverschiebung zu realisieren ist.) $\overrightarrow{AB}$ ist gleich der Projektion von $\overrightarrow{P'Q'}$ auf g.

3. Den neuen Drehmittelpunkt N erhalten wir als Schnittpunkt der zweiten Spiegelgeraden g_4 der Verschiebung mit der ersten Spiegelgeraden g_4 der Drehung (Abb. 40).

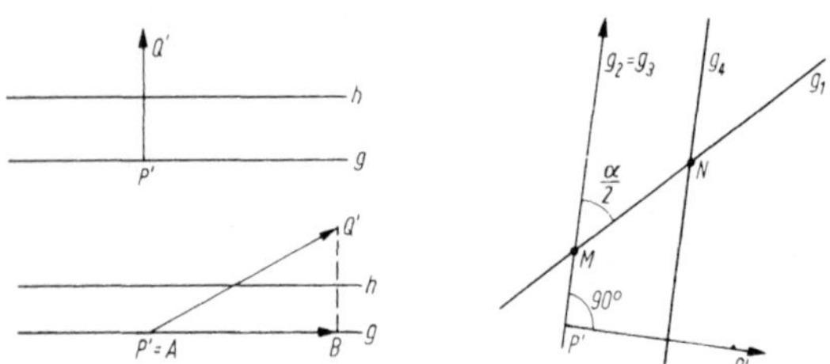

Abb. 40. Zur Ermittlung der Produkte „Verschiebung $\times$ Spiegelung" und „Verschiebung $\times$ Drehung"

4. Dieser Fall entspricht dem Fall 2, wobei der Verschiebungspfeil $\overrightarrow{AB}$ hier durch die Summe von $\overrightarrow{RS}$ und der Projektion $\overrightarrow{P'Q'}$ auf g erhalten wird. Der Leser fertige sich für die erörterten Sachverhalte Lageskizzen an! Falls $(\overrightarrow{RS} + \overrightarrow{P'Q'}) \perp g$, so handelt es sich um eine Spiegelung an h; falls $\overrightarrow{RS} + \overrightarrow{P'Q'} = 0$, um eine Spiegelung an g.

5. Hier haben wir ebenfalls den Fall 2. Die Spiegelungsgerade h liegt nur auf der anderen Seite von g.

6.a) Der Verschiebungspfeil $\overrightarrow{AB}$ zeigt von g nach g' und ist doppelt so lang wie deren Entfernung.

6.b) Der Drehmittelpunkt N ist der Schnittpunkt von g und g'; der Drehwinkel ist doppelt so groß wie der Winkel von g nach g'.

7.a) Falls g durch das Drehzentrum geht, so wird aus der Schubspiegelung eine Spiegelung an g_1.

7.b) Wir erhalten die Schubspiegelung $s_{h,\,\overrightarrow{AB}}$ als Nacheinanderausführung der Geradenspiegelung an der ersten Geraden g_1 der Drehung $d_{\alpha,\,M}$ und der Verschiebung $v_{\overrightarrow{CD}}$ mit dem Verschiebungspfeil von der zweiten Geraden g_2 der Drehung $d_{\alpha,\,M}$ in Richtung g' (g_2 ist dabei so gewählt, daß $g_2 \| g'$). Die Länge von $\overrightarrow{CD}$ ist doppelt so groß wie die Entfernung von g_2 zu g'. Damit ist man dann beim Fall 2.

8.a) Den Verschiebungspfeil $\overrightarrow{AB}$ erhält man aus $\overrightarrow{RS}$ und einem Pfeil $\overrightarrow{CD}$, der von g nach g' zeigt und doppelt so lang wie die Entfernung von g zu g' ist.

8.b) Wir erhalten die Drehung $d_{\beta,\,N}$ als Nacheinanderausführung der Verschiebung $v_{\overrightarrow{RS}}$ und einer Drehung d um den Schnittpunkt von g und g' mit einem Drehwinkel, der doppelt so groß ist, wie der Winkel von g nach g'. Damit sind wir aber beim Fall 9.

9. Wir wählen die zweite Spiegelgerade g_2 der Verschiebung gleich der ersten Spiegelgeraden g_3 der Drehung. Dann ist der Drehmittelpunkt N gleich dem Schnittpunkt von g_1 mit g_4.

10. Die Schubspiegelung $s_{h,\,\overrightarrow{AB}}$ ist die Verknüpfung einer Verschiebung $v_{\overrightarrow{CD}}$ mit dem Verschiebungspfeil $\overrightarrow{CD}$ von g zur ersten Spiegelgeraden g_1 der Drehung $d_{\alpha',\,M'}$. Die Länge von $\overrightarrow{CD}$ ist doppelt so groß wie die Entfernung von g zu g_1 ($g \| g_1$). Auf $v_{\overrightarrow{CD}}$ wird eine Spiegelung s_{g_2} an der zweiten Spiegelgeraden der Drehung angewandt. Wir sind dann beim Fall 5.

11. Wir erzeugen $d_{\alpha,\,M}$ durch Spiegelungen an den Geraden g_1, g_2 und $d_{\alpha',\,M'}$ durch Spiegelungen an derselben Geraden $g_2(!)$ und einer Geraden g_3. Dann ist das Produkt der beiden Drehungen gleich dem Produkt der beiden Spiegelungen s_{g_3} und s_{g_1}, weil das Produkt von s_{g_2} mit sich die Identität ergibt. Im Falle $M = M'$ schneiden sich g_1 und g_3 im Punkte M. Es resultiert also für $s_{g_3} \cdot s_{g_1}$ eine Drehung um M mit dem Winkel $\alpha + \alpha'$. Im Falle $M \neq M'$ können für die gegenseitige Lage von g_1 und g_3 zwei Möglichkeiten auftreten. Wenn g_1 und g_3 sich schneiden, so wird $s_{g_3} \cdot s_{g_1}$ eine Drehung (Fall 6.b)). Wenn g_1 und g_3 zueinander parallel sind, dann wird $s_{g_3} \cdot s_{g_1}$ eine Verschiebung (Fall 6.a)). Die letztgenannte Situation tritt genau bei $\alpha + \alpha' = 360°$ auf.

12. Wir wählen die erste Spiegelgerade g_1 der Drehung $d_{\alpha',\,M'}$ parallel zu g. Dann ist die Spiegelgerade h von $s_{h,\,\overrightarrow{AB}}$ gleich g_2, und der Verschiebungspfeil wird als Summe von $\overrightarrow{RS}$ mit dem Pfeil $\overrightarrow{CD}$ von g nach g_1 erhalten. $\overrightarrow{CD}$ ist doppelt so lang wie die Entfernung von g zu g_1.

13. Wie der Fall 4 dem Fall 2 entspricht, so entspricht Fall 13 dem Fall 5.

14. Hier haben wir die gleiche Situation wie in 8. Im Falle 8.a) liegt lediglich der Verschiebungsvektor auf der anderen Seite von g, und bei 8.b) erfolgt die Drehung nicht in Richtung von g nach g', sondern von g' nach g.

15. Es handelt sich um die gleiche Situation wie in 12.

16.a) Der Verschiebungspfeil ergibt sich als Summe von $\overrightarrow{RS}$, $\overrightarrow{R'S'}$ und $\overrightarrow{CD}$, wobei $\overrightarrow{CD}$ von g nach g' zeigt und doppelt so lang wie deren Entfernung ist.

16.b) Wir führen zuerst die Verschiebung $v_{\overrightarrow{RS}}$ aus, dann die Drehung, die durch die Spiegelungen an g und g' erzeugt wird. Nach Fall 9 ist das eine Drehung mit dem Drehwinkel β, der doppelt so groß ist wie der Winkel zwischen g und g'. Darauf wird noch einmal die Verschiebung $v_{\overrightarrow{R'S'}}$ angewandt, und wir erhalten nach Fall 3 eine Drehung um den Winkel β.

Einige Spezialfälle in der Zusammensetzung von ebenen Drehungen verdienen besondere Erwähnung, nämlich die Halbdrehungen (Digyren, Drehwinkel $= 180°$), Vierteldrehungen (Tetragyren, Drehwinkel $= 90°$ bzw. $270°$), Dritteldrehungen (Trigyren, Drehwinkel = 120° bzw. 240°), Sechsteldrehungen (Hexagyren, Drehwinkel = 60° bzw. 300°).

Man erhält für die Produkte folgende Liste:

Produkt	Resultat
Digyre · Digyre	Verschiebung
Digyre · Tetragyre	Tetragyre
Tetragyre · Digyre	Tetragyre
Tetragyre · Tetragyre	Digyre oder Verschiebung
Trigyre · Trigyre	Trigyre oder Verschiebung
Hexagyre · Hexagyre	Trigyre oder Verschiebung
Hexagyre · Trigyre	Digyre oder Hexagyre
Trigyre · Hexagyre	Digyre oder Hexagyre

Die dafür erforderlichen Betrachtungen anhand von Spiegelgeraden laufen bei verschiedenen Drehpunkten der beiden Faktoren auf die Konstruktionen von rechtwinkligen gleichschenkligen Dreiecken bzw. gleichseitigen Dreiecken bzw. dem rechtwinkligen Dreieck mit Basiswinkeln von 60° und 30° bzw. zwei solchen aneinanderliegenden Dreiecken hinaus. Der Leser führe die Zeichnungen dazu selber aus.

4.6. Untergruppen und Normalteiler, endliche Untergruppen von Mot(*E*)

Im Vorhergehenden war schon an speziellen Beispielen erörtert worden, daß gewisse Teile einer Gruppe selbst wieder eine Gruppe bilden. Das soll jetzt allgemein für eine beliebige Gruppe $G = (G, \cdot)$ erläutert werden. Dem Rechensystem G liegt eine Menge G von „Rechenelementen" zugrunde. Das können Zahlen oder auch Bewegungen, Transformationen, Permutationen oder anderes sein. In G wird vermöge einer „Multiplikation" nach den in den Gruppenaxiomen verlangten Regeln gerechnet. Eine nichtleere Teilmenge H und G wird bzgl. der von G herrührenden Operation genau dann selbst eine Gruppe, wenn gilt:

1) Mit je zwei Elementen x, y aus H gehört auch deren Produkt xy zu H.
2) Mit jedem Element x aus H gehört auch dessen Inverses x^{-1} zu H.

In symbolischer Darstellung:

1') $x, y \in H \Rightarrow xy \in H$.   2') $x \in H \Rightarrow x^{-1} \in H$.

Diese Eigenschaften drückt man treffend durch die Redewendungen aus, daß 1) H stabil sein muß bzgl. der Multiplikation von **G** und 2) H stabil sein muß bzgl. der Inversenbildung in **G**. Solche Gruppen $(H, \cdot)$, die sich also auf die umfassendere Gruppe **G** beziehen, heißen *Untergruppen* **H** von **G**. Das Einselement **1** der Gruppe **G** gehört zu jeder Untergruppe **H**, weil ja für beliebiges $x \in H$ gilt $1 = xx^{-1} \in H$, und **1** ist dann natürlich das Einselement in **H**. Einige Beispiele für Untergruppen seien noch einmal aufgelistet:

1. Die additive Gruppe $\mathbb{Z}^+$ der ganzen Zahlen ist eine Untergruppe der additiven Gruppe $\mathbb{Q}^+$ aller rationalen Zahlen, und diese ist wiederum eine Untergruppe der additiven Gruppe $\mathbb{R}^+$ aller reellen Zahlen. Damit wird $\mathbb{Z}^+$ auch eine Untergruppe von $\mathbb{R}^+$.
2. Die multiplikative Gruppe $\mathbb{Q}^*$ der von Null verschiedenen rationalen Zahlen ist eine Untergruppe der multiplikativen Gruppe $\mathbb{R}^*$ aller von Null verschiedenen reellen Zahlen.
3. Die zyklische Gruppe $\mathbf{C}_n$ ist eine Untergruppe der Diedergruppe $\mathbf{D}_n$.
4. F sei eine ebene beschränkte Figur. Dann ist die Gruppe Rot(F) aller derjenigen ebenen Drehungen, die F mit sich zur Deckung bringen, eine Untergruppe der Gruppe Sym(F) aller derjenigen Kongruenzabbildungen (d.h. Bewegungen der Ebene), die F mit sich zur Deckung bringen. Sym(F) ist dabei wiederum eine Untergruppe von Mot(E) und somit Rot(F) eine Untergruppe von Mot(E).
5. Die sämtlichen Translationen der Ebene bilden eine Untergruppe von Mot(E). Die sämtlichen Drehungen der Ebene bilden keine(!) Untergruppen von Mot(E), da zwar das Inverse jeder Drehung eine Drehung ist, jedoch die Zusammensetzung von Drehungen auch eine echte Verschiebung sein kann. Hingegen wird das System Transl(E) $\cup$ Rot(E) aller Verschiebungen der Ebene samt aller Drehungen der Ebene eine Untergruppe von Mot(E).

Welche Untergruppe einer gegebenen Gruppe G sind möglich? Zunächst besteht bei einer endlichen Gruppe **G** der Ordnung n eine Einschränkung an die Ordnung der Untergruppen von **G**. Es gilt nämlich der

Lagrangesche Teilersatz: Es sei **G** eine endliche Gruppe der Ordnung n und **H** eine Untergruppe von **G**. Dann teilt die Ordnung von **H** die Gruppenordnung n. Speziell teilt die Ordnung eines jeden Gruppenelementes von **G** die Gruppenordnung n.

Beweis: Die Untergruppe **H** von **G** hat eine Ordnung k, $1 \leqq k \leqq n$. Durch die Untergruppe **H** zerfällt die Grundmenge G in endlich viele Teilmengen, die alle die gleiche Elementezahl besitzen. Es sei $x \in G$ und $x \notin H$. Dann hat die Menge $xH = \{xh : h \in H\}$ genau so viele Elemente wie H, weil die Zuordnung $H \ni h \mapsto xh$ eine eineindeutige Abbildung von H auf xH ist. ($h \neq h'$, denn aus $xh = xh'$ folgt durch Linksmultiplikation mit x^{-1} die Gleichheit $h = h'$.). Außerdem haben H und xH bei $x \notin H$ kein Element gemeinsam, weil sonst $xh = h'$ für geeignete $h, h' \in H$ wäre, was aber $x = h'h^{-1} \in H$ zur Folge hätte. Wenn es kein Element aus G gibt, das außerhalb von H und xH liegt, dann ist schon $G = H \cup xH$. Damit hätte H die Hälfte der Elemente von G. Wenn es ein $y \in G$ gibt mit $y \notin H$ und $y \notin xH$, so bildet man yH. Das hat wieder genau so viele Elemente wie H. Es sind die drei Mengen H, xH, yH paarweise fremd zueinander. Wenn alle Elemente von G durch $H \cup xH \cup yH$ erschöpft sind, dann hat G das 3fache an Elementen wie H. So fährt man fort. Das ist nach höchstens n Schritten abgeschlossen. Also teilt ord**H** die Zahl n. Es habe das Gruppenelement x die Ordnung k. Dann besitzt die von x in **G** erzeugte Gruppe gr(x) die Ordnung k. k teilt somit als Untergruppenordnung die Zahl n. $\square$

Die Gruppe Mot(E) ist unendlich. Die rein mathematische Frage nach den möglichen endlichen Untergruppen von Mot(E) hängt nun auf das engste mit den Symmetrien von Figuren zusammen. Die endlichen Untergruppen von Mot(E) sind nämlich genau die Symmetriesysteme von beschränkten ebenen Ornamenten. Hier wird eine schöne Verbindung zwischen Kunst und Mathematik deutlich. Diese Verbindung erweist ihre Kraft dann auch für die Fries- oder Bandornamente und für die flächendeckenden oder Wandornamente. Wir wissen schon, daß ein n-speichiges Wirbelrad als Symmetriegruppe eine reine Drehgruppe von n Elementen hat. Diese Gruppe ist zyklisch und wird von einer Drehung mit dem Winkel $360°/n$ erzeugt. Der Gruppentyp ist $\mathbf{C}_n$. Eine n-blättrige Rosette hat eine gemischte Symmetriegruppe, die aus Drehungen und Spiegelungen besteht. Der Gruppentyp ist $\mathbf{D}_n$. Die erste wesentliche Aussage über die Gruppe Mot(E) im Rahmen der Ornamente fassen wir in folgendem Satz zusammen.

Satz (Rosetten und ihre Gruppen): **H** sei eine endliche Untergruppe der Bewegungsgruppe Mot(E) der euklidischen Ebene.

Dann gilt:
1. Alle Bewegungen aus **H** haben einen gemeinsamen Fixpunkt.
2. Wenn **H** wenigstens drei Elemente besitzt, so ist der gemeinsame Fixpunkt von **H** eindeutig bestimmt.
3. **H** besteht entweder nur aus Drehungen um den gemeinsamen Fixpunkt, oder **H** besteht aus Drehungen um den gemeinsamen Fixpunkt und der gleichen Anzahl von Spiegelungen an Geraden durch den gemeinsamen Fixpunkt.
4. Im Falle der reinen Drehgruppe ist **H** isomorph zu C_n, **H** wird aus allen Symmetrien einer n-speichigen Wirbelrosette gebildet.
5. Im Falle der gemischten Gruppe ist **H** isomorph zu D_n, **H** wird aus allen Symmetrien einer n-blättrigen Blattrosette gebildet.

Damit sind die endlichen Untergruppen von $\mathrm{Mot}(E)$ mit den Symmetriegruppen der Rosetten identisch.

Beweis: In $\mathrm{Mot}(E)$ gibt es nur 4 mögliche Typen von Bewegungen: 1. Verschiebung, 2. Drehung, 3. Spiegelung an einer Geraden, 4. Gleitspiegelung.
Eine echte Translation ist nicht von endlicher Ordnung, auch eine Gleitspiegelung mit echtem Gleitanteil nicht. Also können in einer endlichen Untergruppe **H** von $\mathrm{Mot}(E)$ höchstens Drehungen und Spiegelungen auftreten.
1. Fall: H ist 1elementig. Dann besteht H nur aus dem Einselement 1. Das ist die Nulldrehung. Man hat $\mathbf{H} \simeq \mathbf{C}_1$. Das 1speichige Wirbelrad besitzt diese Symmetriegruppe.
2. Fall: H ist 2elementig. Dann gibt es außer 1 in H noch eine Drehung oder aber eine Spiegelung. Wenn es eine Drehung ist, so muß es wegen der Elementeordnung 2 dieses Elementes eine 180°-Drehung sein. Man hat $\mathbf{H} \simeq \mathbf{C}_2$. Das 2speichige Wirbelrad besitzt diese Symmetriegruppe.
Wenn es eine Spiegelung ist, gilt $\mathbf{H} \simeq \mathbf{D}_1$. Die 1blättrige Rosette besitzt diese Symmetriegruppe. Hierin ist die Anzahl der Drehungen 1 und die der Spiegelungen auch 1.
3. Fall: $\mathrm{ord}(\mathbf{H}) \geqq 3$.
3.a) **H** bestehe nur aus Drehungen. Die Drehung $d \in H$ habe den Drehpunkt M und den Drehwinkel α. Weil d von endlicher Ordnung ist, gibt es natürliche Zahlen k, l mit $\alpha = \dfrac{k}{l} \cdot 360°$. Es kann sogleich $0 < k < l$ und k, l teilerfremd vorausgesetzt werden. Dann ist d von der Ordnung l, denn aus der Primfaktorzerlegung folgt, daß es kein i, $1 \leqq i < l$, gibt mit $i \cdot k = l$. Die von d in $\mathrm{Mot}(E)$ er-

zeugte Gruppe gr(d) besteht demnach aus den Potenzen der Drehung um M mit dem Drehwinkel $360°/l$. Nun können wir zeigen, daß zwei verschiedene Drehungen in H den gleichen Drehpunkt haben. Eine Drehung d der Ordnung $k > 1$ erfolge um den Drehpunkt M mit dem Drehwinkel $360°/k$. Eine Drehung d' der Ordnung $m > 1$ erfolge um den Drehpunkt M' mit dem Winkel $360°/m$. Wenn die Ordnungen k und m beide übereinstimmen, so können die Drehpunkte M und M' nicht verschieden sein, weil man sonst um M und M' echte Drehungen $\hat{d}$, $\hat{d}'$ aus H hat, deren Drehwinkel sich zu $360°$ ergänzen. Das würde als Produkt $\hat{d}\hat{d}'$ aber eine echte Translation liefern. Diese Überlegung schließt auch die Möglichkeit verschiedener Drehpunkte bei nicht teilerfremden Drehordnungen k, m aus. Es seien jetzt k, m teilerfremd. Dann hat das Produkt dd' einen Drehwinkel $\dfrac{k + m}{k \cdot m} \cdot 360°$. dd' ist deshalb von der Ordnung $k \cdot m$. Wenn M und M' verschieden wären, so hätte man mit der Drehung dd' eine um einen Punkt, die sich zu einer um M (und auch M') hinsichtlich des Drehwinkels zu $360°$ ergänzt. Das ergäbe wieder eine echte Translation, was jedoch nicht sein kann.

3.b) H enthalte auch Spiegelungen. Sind zwei Spiegelungen in H, so müssen sich deren Achsen schneiden, weil parallele Spiegelachsen Translationen ergeben. Translationen haben aber unendliche Ordnung und können deshalb nicht in einer Gruppe endlicher Ordnung liegen. Damit hat dann H mindestens zwei Drehungen: die Nulldrehung und die Zusammensetzung zweier Spiegelungen. Die Drehungen von H bilden nun eine Untergruppe. Das weise der Leser im einzelnen nach! Also gibt es von der Drehgruppe einen gemeinsamen Drehmittelpunkt M. Zwei Spiegelachsen gehen schon durch diesen Drehpunkt. Jede andere Spiegelachse einer Spiegelung aus H muß ebenfalls durch diesen Punkt verlaufen, weil man mit dem Produkt dieser Spiegelung mit einer der beiden schon betrachteten Spiegelungen eine Drehung aus H erhält, deren Drehpunkt M ist.

Jede Drehung d aus H ergibt mit einer Spiegelung $s \in H$ als Produkt ds eine Spiegelung. Wir fixieren eine Spiegelung s_1 in H. Die Zuordnung $s \mapsto ss_1$, s Spiegelung in H, ist eine eineindeutige Abbildung zwischen allen Spiegelungen in H und allen Drehungen in H. Es gibt demnach die gleiche Anzahl von Drehungen und Spiegelungen in H. Die Drehungen haben ein erzeugendes Element d. Dann ist

$$H = \{1, d, \ldots, d^{n-1}, s, ds, \ldots, d^{n-1}s\}, \quad \mathbf{H} \simeq \mathbf{D}_n \cdot \square$$

Eine spezielle Art von Untergruppen spielt bei gruppentheoretischen Überlegungen eine besondere Rolle. Es handelt sich um die sogenannten *Normalteiler* einer Gruppe. In einer kommutativen Gruppe G, wo also für je zwei Elemente $x, y \in G$ stets $xy = yx$ gilt, wird jede Untergruppe H von G auch Normalteiler in G. In einer nichtkommutativen Gruppe G liegen die Verhältnisse anders. Was ist nun ein Normalteiler?

Anläßlich der Beweisausführungen zum Lagrangeschen Teilersatz hatten wir für eine endliche Gruppe G hinsichtlich einer gegebenen Untergruppe H eine Zerlegung von G in die Menge H und sogenannte Linksnebenklassen $xH (= \{xh : h \in H\})$ vorgenommen. Eine solche Zerlegung hängt nicht von der Endlichkeit der Gruppe G ab, sondern kann bei beliebiger Ausgangsgruppe erfolgen. Zwei Linksnebenklassen xH und yH können bei unterschiedlichen Gruppenelementen $x \neq y$ durchaus noch gleich sein. Es besteht nämlich genau dann die Gleichheit $xH = yH$, wenn das Element $y^{-1}x$ zur Untergruppe H gehört. Denn es sei etwa $y^{-1}x \in H$. Dann ist bei beliebigen $h \in H$ stets $y^{-1}xh$ wieder ein Element von H. Man findet also zu $h \in H$ ein $\bar{h} \in H$ mit $y^{-1}xh = \bar{h}$, d. h., es ist $xh = y\bar{h}$. Demnach wird bei $y^{-1}x \in H$ die Menge xH eine Teilmenge von yH. Nun ist bei $y^{-1}x \in H$ auch $(y^{-1}x)^{-1} = x^{-1}y$ ein Element von H. Ganz entsprechend wie vorher wird also auch yH eine Teilmenge von xH. Das bedeutet $xH = yH$. Wenn umgekehrt $xH = yH$ vorausgesetzt wird, so gehört das Produkt $x1$ zu yH. Es ist demnach $x = yh$ mit einem geeigneten $h \in H$. Daraus folgt wegen $h = y^{-1}x$ natürlich $y^{-1}x \in H$. Analog zu den Linksnebenklassen xH einer Untergruppe H in einer Gruppe G gibt es auch Rechtsnebenklassen $Hx = \{hx : h \in H\}$. Diejenigen Untergruppen H von G, für welche bei jedem $x \in G$ immer $xH = Hx$ gilt, wo also die durch x bestimmte Linksnebenklasse nach H gleich der durch x bestimmten Rechtsnebenklasse nach H wird, heißen *Normalteiler* in G.

Wir geben zunächst als Beispiel eine Permutationsgruppe an: Es sei $G = S_3$. Darin betrachten wir die 2elementige Untergruppe $H = \{(1), (12)\}$. Für die Links- bzw. Rechtsnebenklassen von G nach H gilt dann:

$$(1)H = (12)H = H = H(1) = H(12),$$
$$(13)H = \{(13), (123)\} = (123)H,$$
$$(23)H = \{(23), (132)\} = (132)H,$$
$$H(13) = \{(13), (132)\} = H(132),$$
$$H(23) = \{(23), (123)\} = H(123).$$

Es treten demnach drei Linksnebenklassen $\{(1), (12)\}$, $\{(13), (123)\}$ und $\{(23), (132)\}$ auf sowie drei Rechtsnebenklassen $\{(1), (12)\}$, $\{(13), (132)\}$ und $\{(23), (123)\}$.

Hierbei ergibt sich $(13)H \neq H(13)$ usw. Die Untergruppe **H** ist also kein Normalteiler in **G**. Nimmt man hingegen die 3elementige Untergruppe $\hat{H} = \{(1), (123), (132)\}$, dann erhält man:

$(1)\hat{H} = (123)\hat{H} = (132)\hat{H} = \hat{H}(1) = \hat{H}(123) = \hat{H}(132)$,

$(12)\hat{H} = \{(12), (13), (23)\} = \hat{H}(12)$ und deshalb auch

$(13)\hat{H} = \hat{H}(13)$ sowie

$(23)\hat{H} = \hat{H}(23)$.

Die Untergruppe $\hat{H}$ ist also ein Normalteiler in **G**. Es traten hier zwei Nebenklassen auf: $\{(1), (123), 132)\}$ $\{(12, (13), (23)\}$. Die Anzahl der verschiedenen Linksnebenklassen (oder auch der Rechtsnebenklassen) einer Gruppe **G** nach einer Untergruppe **H** nennt man den *Index* der Untergruppe **H** in **G**. Untergruppen vom Index 2 sind stets Normalteiler. Die eine Nebenklasse ist die Untergruppe selbst, die andere Nebenklasse wird von den übrigen, nicht zur Untergruppe gehörenden Elementen gebildet. Deshalb ist hier notwendig $xH = Hx$ für alle $x \in G$.

Die Diedergruppe $\mathbf{D}_n$ umfaßt die Gruppe $\mathbf{C}_n$ als Untergruppe. Der Index von $\mathbf{C}_n$ in $\mathbf{D}_n$ ist 2. Damit handelt es sich um einen Normalteiler. Der vorher erörterte Fall von $\hat{\mathbf{H}}$ in $\mathbf{S}_3$ stellt eine zu $\mathbf{C}_3$ in $\mathbf{D}_3$ isomorphe Situation dar ($\mathbf{S}_3 \simeq \mathbf{D}_3$, $\mathbf{C}_3 \simeq \hat{\mathbf{H}}$). Jetzt bringen wir noch Beispiele innerhalb der Bewegungsgruppe Mot(E).

Es sei **H** die Symmetriegruppe eines Quadrats. **H** ist zwar eine Untergruppe von Mot(E), aber kein Normalteiler in Mot(E). Man wähle nämlich eine beliebige Verschiebung $t \neq 0$. Wenn $tH = Ht$ wäre, dann müßte also für jede Bewegung $a \in H$ auch tat^{-1} zu H gehören. In H befindet sich eine Digyre d. Dafür wird tdt^{-1} eine Digyre. Deren Drehpunkt liegt aber außerhalb des Quadratmittelpunktes. Also gilt nicht $tdt^{-1} \in H$. Deshalb ist **H** kein Normalteiler.

Nun sei **G** eine beliebige Untergruppe von Mot(E). Das System aller in G enthaltenen Verschiebungen bildet eine Untergruppe Transl(**G**) in **G**. Von dieser Untergruppe $\mathbf{K} = $ Transl(**G**) überlegen wir, daß es ein Normalteiler in **G** sein muß. Dazu wird für jedes $a \in G$ die Gleichheit $aK = Ka$ nachgewiesen. Dies ist gleichbedeutend mit dem Nachweis, daß für jedes $a \in G$ und jede Translation $t \in K$ die Bewegung ata^{-1} zu K gehört. Wenn a eine Translation ist, so handelt es sich bei ata^{-1} offensichtlich um eine Translation. Wenn a eine Drehung ist, dann wird at eine Drehung mit dem gleichen Drehwinkel wie a. Der Drehwinkel von a^{-1} ergänzt den Drehwinkel von at zu 360°. Deshalb handelt es sich bei ata^{-1} um eine Translation aus G.

Wenn a etwa eine Spiegelung ist, so wird $ata^{-1} = ata$ eine Translation mit einem Verschiebungspfeil, der sich durch Spiegelung eines zu t gehörenden Verschiebungspfeiles an der Spiegelgeraden von a ergibt. Wenn schließlich a eine Gleitspiegelung ist, dann wird ta^{-1} eine Gleitspiegelung mit einer zur Achse von a parallelen Spiegelachse. Die Zusammensetzung von zwei Gleitspiegelungen – hier von a mit ta^{-1} –, deren Spiegelachsen parallel sind, ergibt aber eine Translation.

Weshalb sind die Normalteiler als spezielle Untergruppen so beachtenswert? Aus einer gegebenen Gruppe kann mittels eines Normalteilers dieser Gruppe durch folgendes Vorgehen eine neue Gruppe – eine sogenannte *Faktorgruppe* – gebildet werden. Es bezeichne G eine beliebige Gruppe und H einen Normalteiler in G. Man denke sich die sämtlichen Linksnebenklassen von G nach H ermittelt. Das sind lauter disjunkte Mengen, d. h., bei $xH \neq yH$ haben die beiden Mengen xH und yH kein gemeinsames Element. Würde es etwa ein $z \in xH$ geben mit $z \in yH$, dann wäre bei geeigneten $h, \hat{h} \in H$ sicherlich $xh = y\hat{h}$. Daraus folgt dann $y^{-1}x = \hat{h}h^{-1} \in H$, was also $xH = yH$ im Gegensatz zur Voraussetzung $xH \neq yH$ nach sich zieht. Bisher ist noch nicht von der Normalteilereigenschaft Gebrauch gemacht worden. Das geschieht jetzt. Man gehe von zwei Linksnebenklassen A, B aus und bilde sämtliche Produkte ab, $a \in A$, $b \in B$. Die Menge $\{ab : a \in A,\ b \in B\}$ dieser Produkte sei mit AB bezeichnet.

Nun sei $A = xH$, $B = yH$, und wir wollen $AB = xyH$ bestätigen. Dazu wähle man $a \in A$, $b \in B$. Dann ist $a = xh$, $b = y\hat{h}$ mit geeigneten $h, \hat{h} \in H$. Wegen $yH = Hy$ gibt es zu dem $h \in H$ ein $\bar{h} \in H$ mit $hy = y\bar{h}$. Für das Produkt von a und b bedeutet das $ab = xhy\hat{h} = xy\bar{h}\hat{h}$. Damit ist $AB \subseteq xyH$ gezeigt. Jedes Element von xyH hat eine Darstellung xyh' mit $h' \in H$. Es ist $x \in A$ und $yh' \in B$, also bekommt man $xyh' \in AB$. Das zeigt $xyH \subseteq AB$. Insgesamt hat sich $AB = xyH$ herausgestellt. Bei einem Normalteiler H in G liegt damit im System der Linksnebenklassen von G nach H auf diese Weise eine Produktbildung vor, die sogar die Gruppenaxiome erfüllt! Die Assoziativität für die Produktbildung der Nebenklassen folgt sofort aus der für die Gruppenelemente von G. Das Einselement in der neuen Gruppe ist die Nebenklasse H. Das inverse Element zu einer Nebenklasse xH ist die Nebenklasse $x^{-1}H$. Diese neue Gruppe bezeichnet man mit $G_{/H}$ (Faktorgruppe von G nach dem Normalteiler H). Zwei Extremfälle für einen Normalteiler H in G sind denkbar: Einerseits kann H der kleinstmögliche Normalteiler in G sein. Das tritt ein, wenn H nur aus dem Einselement der Gruppe G besteht. Dann wird $G_{/H} \simeq G$. Andererseits kann H der größtmögliche Normalteiler in G sein. Das ist für H = G der Fall. Dann wird die Faktorgruppe 1elementig: $G_{/H} \simeq C_1$.

Die im folgenden noch zu behandelnden unendlichen Ornamentgruppen der Ebene sind die Untergruppen U und $G = \mathrm{Mot}(E)$ mit den folgenden beiden Eigenschaften:

1. Der unendliche Normalteiler Transl(U) aller in U enthaltenen Verschiebungen wird von einem oder von zwei Elementen erzeugt.
2. Die Faktorgruppe $U_{/\mathrm{Transl(U)}}$ ist endlich.

Wenn der unendliche Normalteiler Transl(U) von einem Element erzeugt wird, so bekommt man die Friesgruppen. Im anderen Falle enthält man die Wandmustergruppen.

5. Die Friesgruppen, Streifenornamente

5.1. Gruppentheoretische Klassifizierung der Streifenornamente

Friesornamente, auch Streifen- oder Bandornamente genannt, entstehen durch Wiederholung einer beschränkten ebenen Figur längs einer ausgewählten Richtung, die durch eine gegebene Gerade – die *Friesachse* – festgelegt werden kann. Die zu Friesornamenten gehörigen Symmetriegruppen heißen *Friesgruppen*. Die Symmetriegruppe eines Frieses enthält gewisse Translationen nach rechts und links längs der Friesachse. Es gibt eine Minimaltranslation. Diese wird in ihrem Verschiebungsbetrag ($\neq 0$) in der Friesgruppe durch keine eigentliche Verschiebung unterschritten. Alle Verschiebungen in der Friesgruppe sind ganze Vielfache dieser Minimaltranslation. Die sämtlichen Translationen eines Frieses bilden eine Untergruppe der Friesgruppe, und es handelt sich dabei (vgl. unsere Erörterungen im vorigen Kapitel) sogar um einen Normalteiler. Dieser Translationsnormalteiler der Friesgruppe ist isomorph zur additiven Gruppe der ganzen Zahlen:

$$\text{Transl(Fries)} \simeq \mathbb{Z}^{+}.$$

Welche Symmetrien kann ein Streifenornament außer seinen Translationen noch aufweisen?

1. Fries-Drehungen? Als echte Drehungen kommen nur 180°-Drehungen in Frage, weil durch andere Drehungen der Streifen nicht in sich übergeführt wird. Die Drehpunkte solcher möglichen Friesdrehungen liegen dann auf der Friesachse. Die Zusammensetzung einer Friesdrehung d mit dem Drehpunkt P mit einer Minimaltranslation t ist wieder eine Friesdrehung d':

$$t \cdot d = d'.$$

d' hat dabei einen Drehpunkt, der von P um die Hälfte der Minimaltranslationslänge entfernt ist. Das macht man sich – wie im Abschnitt 4.5. über die Multiplikationstafel von Mot(E) ausgeführt – durch Spiegelungsproduktdarstellungen der Translation und der Drehung klar.

Wenn also ein Fries Drehsymmetrien besitzt, dann treten nur 180°-

Drehungen (Digyren) auf. Die Drehpunkte dieser Friesdrehungen bilden auf der Friesachse eine Punktreihe von der Distanz $\frac{1}{2} \times$ Translationslänge der Minimaltranslation.

2. Fries-Spiegelungen? Als Spiegelungen kommen nur solche an Querachsen des Frieses in Frage, d.h. an Achsen, die auf der Friesachse senkrecht stehen, und eventuell noch die Spiegelung an der Friesachse selber.

Die Zusammensetzung einer Spiegelung an einer Querachse mit der Minimaltranslation liefert wieder eine Fries-Spiegelung mit einer Querachse. Der Abstand der beiden Achsen beträgt die Hälfte der Translationslänge der Minimaltranslation. Wenn also Querachsenspiegelungen vorhanden sind, dann bilden die Querachsen eine Reihe von parallelen Geraden von der Distanz $\frac{1}{2} \times$ Translationslänge der Minimaltranslation.

3. Fries-Gleitspiegelungen? Als Gleitspiegelachse kommt nur die Friesachse in Frage. Zwei unterschiedliche Gleitspiegeltypen sind möglich. Entweder ist neben den Gleitspiegelungen auch noch die Längsachsenspiegelung vorhanden, oder aber die Längsachsenspiegelung tritt nicht auf. Im ersten Falle sind die Gleitspiegelungen einfach die Zusammensetzungen der Längsachsenspiegelung mit den Vielfachen der Minimaltranslation. Der zweite Fall bietet eine ungewöhnliche Situation dar. Da die Hintereinanderausführung einer Gleitspiegelung mit sich – d.h. das Quadrat der Gleitspiegelung – eine Translation liefert, ist als Gleitspiegelung mit dem geringsten Translationsanteil nur die mit der Hälfte der Minimaltranslationslänge denkbar. Die anderen Gleitspiegelungen entstehen mittels Zusammensetzung mit den Vielfachen der Minimaltranslation. Nun muß erörtert werden, in welcher Weise die denkbaren Symmetrieabbildungen eines Friesornaments sich zu Friesgruppen zusammensetzen können. Wenn diese Aufgabe bewältigt ist, hat man also eine Klassifizierung der Friesornamente nach mathematischen Gesichtspunkten anhand der Gruppentheorie vorgenommen.

1. Das einfachste Beispiel ist die reine Translationsgruppe.

Erzeugende Elemente: Minimaltranslation t.

Elemente der Friesgruppe: Vielfache der Translation t.

In Produktschreibweise sind das die Elemente t^n, $n \in \mathbb{Z}$.

Bezeichnung der Friesgruppe: $\mathbf{F}_1$ (Abb. 41).

Abb. 41. Ein Fries im Gräten- und im Buchstabenmuster mit der Symmetriegruppe $\mathbf{F}_1$

Die Bezeichnung der Friesgruppen und der Wandmustergruppen als Untergruppen von Mot(E) nehmen wir hier so vor, wie sie der ungarische Mathematiker L. FEJES TÓTH in seinem 1965 erschienenen Buch „Reguläre Figuren" [4] vorgeschlagen hat.

Abstrakter Gruppentyp: Es handelt sich um die unendliche zyklische Gruppe $\mathbf{C}_\infty$.

Die daran anschließenden Friesgruppen entstehen aus der Friesgruppe $\mathbf{F}_1$ durch Anreicherung mittels anderer möglicher Friessymmetrien. Das liefert die folgenden sechs Möglichkeiten.

2. Erzeugende Elemente: Minimaltranslation t sowie eine 180°-Drehung d.

Elemente der Friesgruppe: Vielfache der Translation t, das sind die Elemente t^n, $n \in \mathbb{Z}$, und die 180°-Drehungen dt^n, $n \in \mathbb{Z}$. Es ist dabei $dt^{-n} = t^n d$. Es gilt nämlich

$$dt^m = (dt^m)^{-1} = (t^m)^{-1} d^{-1} = t^{-m} d.$$

Bezeichnung der Friesgruppe: $\mathbf{F}_2$ (Abb. 42).

Abb. 42. Ein Fries im Gräten- und im Buchstabenmuster mit der Symmetriegruppe $\mathbf{F}_2$

Abstrakter Gruppentyp: Es handelt sich um die unendliche Diedergruppe $\mathbf{D}_\infty$.

3. Erzeugende Elemente: Minimaltranslation t sowie Spiegelung s an der Friesachse.

Elemente der Friesgruppe: Vielfache der Translation t, das sind die Elemente t^n, $n \in \mathbb{Z}$. Neben der Spiegelung s kommen noch die eigentlichen Gleitspiegelungen $st^n = t^n s$, $n \in \mathbb{Z}$, $n \neq 0$, hinzu.

Bezeichnung der Friesgruppe: $\mathbf{F}_1^1$ (Abb. 43).

Abstrakter Gruppentyp: Es handelt sich um das direkte Produkt $\mathbf{C}_\infty \otimes \mathbf{C}_2$. Über das direkte Produkt $\mathbf{G} \otimes \mathbf{H}$ von zwei Gruppen $\mathbf{G}, \mathbf{H}$ schalten wir dazu ein paar Bemerkungen ein. Die Elemente von

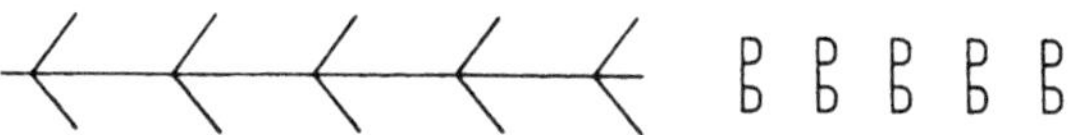

Abb. 43. Ein Fries im Gräten- und im Buchstabenmuster mit der Symmetriegruppe $\mathbf{F}_1^1$

$G \otimes H$ sind alle Paare (x, y) mit $x \in G$ und $y \in H$. Die Multiplikation von Paaren (x, y); (u, v) ist wie folgt erklärt:

$$(x, y) \cdot (u, v) := (xu, yv).$$

Mit dieser Operation ergibt sich eine Gruppe, und zwar das *direkte Produkt*. Das Einselement in $G \otimes H$ wird von dem Paar $(1_G, 1_H)$ gebildet. Das Inverse von (x, y) ist (x^{-1}, y^{-1}).

Beispielsweise stellt sich die Translationsgruppe Transl(E) der Ebene als isomorph zu dem direkten Produkt $\mathbb{R}^+ \otimes \mathbb{R}^+$ der additiven Gruppe der reellen Zahlen mit sich heraus. Dazu braucht man nur jede Verschiebung in E bzgl. eines Koordinatensystems in die Komponenten bzgl. der Achsen des Koordinatensystems zu zerlegen.

4. Erzeugende Elemente: Minimaltranslation t sowie Spiegelung r an einer Querachse.

Elemente der Friesgruppe: Vielfache der Translation t, das sind die Elemente t^n, $n \in \mathbb{Z}$. Außerdem kommen noch die Spiegelungen $rt^n = t^{-n}r$, $n \in \mathbb{Z}$, an Querachsen hinzu. Aufeinanderfolgende Spiegelachsen haben als Abstand die halbe Translationslänge. Bezeichnung der Friesgruppe: F_1^2 (Abb. 44).

Abb. 44. Ein Fries im Gräten- und im Buchstabenmuster mit der Symmetriegruppe F_1^2

Abstrakter Gruppentyp: Es handelt sich um die unendliche Diedergruppe D_∞.

5. Erzeugende Elemente: Gleitspiegelung q.

Elemente der Friesgruppe: Die Potenzen q^n, $n \in \mathbb{Z}$. Bei $n = 2$ ergibt sich die Minimaltranslation t. Für gerades n entstehen also die Vielfachen der Minimaltranslation. Für ungerades n sind die q^n Gleitspiegelungen mit echtem Translationsanteil vom Betrag $n/2$ der Minimaltranslation.

Bezeichnung der Friesgruppe: F_1^3 (Abb. 45).

Abb. 45. Ein Fries im Gräten- und im Buchstabenmuster mit der Symmetriegruppe F_1^3

Abstrakter Gruppentyp: Es handelt sich um die unendliche zyklische Gruppe $\mathbf{C}_\infty$.

6. Erzeugende Elemente: Minimaltranslation t, 180°-Drehung d und Spiegelung s an Friesachse.

Elemente der Friesgruppe: Vielfache t^n, $n \in \mathbb{Z}$, der Minimaltranslation. 180°-Drehungen $dt^n = t^{-n}d$, $n \in \mathbb{Z}$. Gleitspiegelungen $st^n = t^n s$, $n \in \mathbb{Z}$. (Für $n = 0$ entsteht die Spiegelung s.) Außerdem kommen noch die Spiegelungen $sdt^n = dt^n s$ an Querachsen hinzu. Zwei aufeinanderfolgende Querachsen haben als Abstand eine halbe Minimaltranslationslänge.

Bezeichnung der Friesgruppe: $\mathbf{F}_2^1$ (Abb. 46).

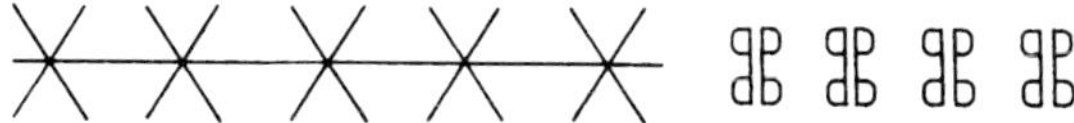

Abb. 46. Ein Fries im Gräten- und im Buchstabenmuster mit der Symmetriegruppe $\mathbf{F}_2^1$

Abstrakter Gruppentyp: Es handelt sich um das direkte Produkt $\mathbf{D}_\infty \otimes \mathbf{C}_2$. Es ist nämlich $\mathbf{F}_2^1 \simeq \mathbf{F}_2 \otimes \{id, s\}$.

7. Erzeugende Elemente: Minimaltranslation t, 180°-Drehung d und Spiegelung r an einer Querachse, aber nicht die Spiegelung an der Friesachse.

Elemente der Friesgruppe: Vielfache t^n, $n \in \mathbb{Z}$, der Minimaltranslation. 180°-Drehungen $dt^n = t^{-n}d$, $n \in \mathbb{Z}$. Spiegelungen $rt^n = t^{-n}r$, $n \in \mathbb{Z}$, an Querachsen und Gleitspiegelungen drt^n. Die Spiegelachsen gehen nicht durch die Drehpunkte, sonst würde als Produkt die Spiegelung an der Friesachse resultieren. Die Spiegelproduktdarstellung einer Drehung zeigt, daß für die minimale Gleitspiegelung dr (wobei die Achse von r als dem Drehpunkt benachbart vorausgesetzt werde) der halbe Translationsbetrag von t zustande kommt.

Bezeichnung der Friesgruppe: $\mathbf{F}_2^2$ (Abb. 47).

Abb. 47. Ein Fries im Gräten- und im Buchstabenmuster mit der Symmetriegruppe $\mathbf{F}_2^2$

Abstrakter Gruppentyp: Es handelt sich auch hier um die unendliche Diedergruppe $\mathbf{D}_\infty$.

Das mag zunächst etwas erstaunlich sein, weil ja schon die in $\mathbf{F}_2^2$ enthaltene Gruppe $\mathbf{F}_2$ vom Typ $\mathbf{D}_\infty$ ist. Die Elemente t^n, $n \in \mathbb{Z}$, und drt^n, $n \in \mathbb{Z}$, bilden eine zu $\mathbf{C}_\infty$ isomorphe Gruppe. Das erzeugende Element dieser Gruppe ist die Gleitspiegelung $q = dr\,(q^2 = t)$.

Mit diesen sieben Friesgruppen sind alle Möglichkeiten erschöpft, denn Friesgruppen können nur aus $\mathbf{F}_1$ und $\mathbf{F}_2$ durch Hinzunahme von Spiegelungen bzw. Gleitspiegelungen entstehen.

Aus $\mathbf{F}_1$ entsteht durch Hinzunahme der Längsachsenspiegelung $\mathbf{F}_1^1$.

Aus $\mathbf{F}_1$ entsteht durch Hinzunahme einer Querachsenspiegelung $\mathbf{F}_1^2$.

Aus $\mathbf{F}_1$ entsteht durch Hinzunahme einer Gleitspiegelung entweder $\mathbf{F}_1^3$ oder aber $\mathbf{F}_1^1$. Das hängt davon ab, ob der minimale Gleitspiegelanteil die Hälfte der Minimaltranslationslänge beträgt oder gleich der Minimaltranslationslänge ist.

Aus $\mathbf{F}_2$ entsteht durch Hinzunahme der Längsachsenspiegelung $\mathbf{F}_2^1$.

Aus $\mathbf{F}_2$ entsteht durch Hinzunahme einer Querachsenspiegelung entweder $\mathbf{F}_2^1$ oder $\mathbf{F}_2^2$, in Abhängigkeit davon, ob die Querachse durch einen Drehpunkt geht oder nicht.

Aus $\mathbf{F}_2$ entsteht durch Hinzunahme einer Gleitspiegelung entweder $\mathbf{F}_2^1$ oder $\mathbf{F}_2^2$. Das hängt wieder davon ab, ob der minimale Gleitspiegelanteil gleich der Minimaltranslationslänge ist oder die Hälfte der Minimaltranslationslänge beträgt.

Die Angabe von erzeugenden Elementen für die Friesgruppen ist nur im Falle der beiden Gruppen $\mathbf{F}_1$ und $\mathbf{F}_1^3$ auf eine einzige Weise möglich, sofern man von dem Unterschied zwischen t und t^{-1} bzw. q und q^{-1} absieht. In den anderen Fällen der Friesgruppen kann beispielsweise die Minimaltranslation gegen andere Erzeugende ausgetauscht werden. So ist etwa $\mathbf{F}_2$ auch durch zwei $180°$-Drehungen, deren Drehpunkte benachbart sind, zu gewinnen.

Ein Entscheidungsalogorithmus über die Friesgruppenart

Wenn man von einem vorliegenden Fries die zugrundeliegende Friesgruppe ermitteln soll, bedient man sich zweckmäßig eines algorithmischen Verfahrens zu Herbeiführung der Entscheidung. Nach dem besprochenen Aufbau der Gruppen erkennt man die Richtigkeit folgenden Fragespiegels:

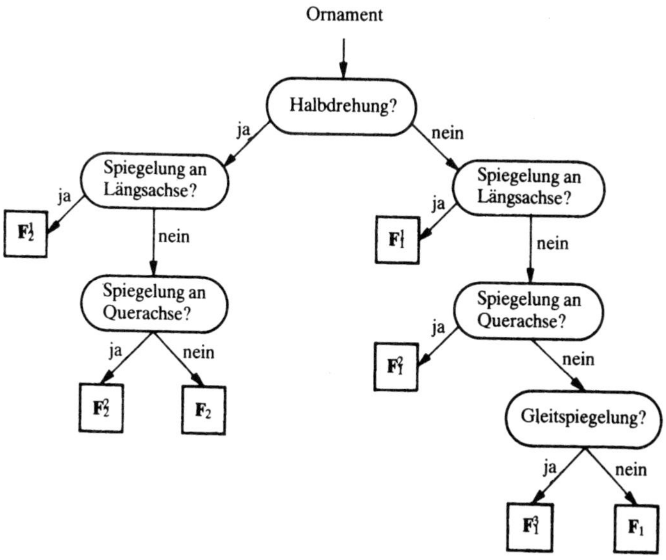

Hiernach klassifiziert man übungshalber mühelos die nachstehenden Buchstabenreihen gemäß ihrer Symmetriegruppen:

$$
\begin{array}{ll}
 & \ldots\ \text{A A A A A A A A}\ \ldots \\
 & \ldots\ \text{M M M M M M M M}\ \ldots \\
 & \ldots\ \text{T T T T T T T T}\ \ldots \\
\mathbf{F}_1^2\ \ldots & \text{U U U U U U U U}\ \ldots \\
 & \ldots\ \text{V V V V V V V V}\ \ldots \\
 & \ldots\ \text{W W W W W W W W}\ \ldots \\
 & \ldots\ \text{Y Y Y Y Y Y Y Y}\ \ldots \\[6pt]
 & \ldots\ \text{B B B B B B B B}\ \ldots \\
 & \ldots\ \text{C C C C C C C C}\ \ldots \\
\mathbf{F}_1^1\ \ldots & \text{D D D D D D D D}\ \ldots \\
 & \ldots\ \text{E E E E E E E E}\ \ldots \\
 & \ldots\ \text{K K K K K K K K}\ \ldots \\[6pt]
 & \ldots\ \text{F F F F F F F F}\ \ldots \\
 & \ldots\ \text{G G G G G G G G}\ \ldots \\
\mathbf{F}^1\ \ldots & \text{L L L L L L L L}\ \ldots \\
 & \ldots\ \text{P P P P P P P P}\ \ldots \\
 & \ldots\ \text{Q Q Q Q Q Q Q Q}\ \ldots \\
 & \ldots\ \text{R R R R R R R R}\ \ldots
\end{array}
$$

$$\text{... H H H H H H H H ...}$$
$$\mathbf{F}_2^1 \text{... I I I I I I I I ...}$$
$$\text{... O O O O O O O O ...}$$
$$\text{... X X X X X X X X ...}$$

$$\text{... N N N N N N N ...}$$
$$\mathbf{F}_2 \text{... Z Z Z Z Z Z Z ...}$$
$$\text{... S S S S S S S ...}$$

$\mathbf{F}_1^3$ ... L Γ L Γ L Γ L   ...   (L und griechischer Buch-
stabe Gamma)

$\mathbf{F}_2^2$ ... V Λ V Λ V Λ V   ...   (V und griechischer Buch-
stabe Lambda)

Jetzt wollen wir die Struktur der Faktorgruppen der Friesgruppen nach dem Normalteiler der Translationen aufdecken:

1. $\mathbf{F}_{1/\mathbf{F}_1} \simeq \mathbf{C}_1$.

2. $\mathbf{F}_2$ zerfällt bzgl. $\mathbf{F}_1$ in die beiden Nebenklassen $\mathbf{F}_1$ und $d\mathbf{F}_1$, daher gilt

$$\mathbf{F}_{2/\mathbf{F}_1} \simeq \mathbf{C}_2.$$

3. $\mathbf{F}_1^1$ zerfällt bzgl. $\mathbf{F}_1$ in die beiden Nebenklassen $\mathbf{F}_1$ und $s\mathbf{F}_1$, daher gilt auch hier

$$\mathbf{F}_{1/\mathbf{F}_1}^1 \simeq \mathbf{C}_2.$$

4. $\mathbf{F}_1^2$ zerfällt bzgl. $\mathbf{F}_1$ in die beiden Nebenklassen $\mathbf{F}_1$ und $r\mathbf{F}_1$, daher ist auch hier

$$\mathbf{F}_{1/\mathbf{F}_1}^2 \simeq \mathbf{C}_2.$$

5. $\mathbf{F}_1^3$ zerfällt bzgl. $\mathbf{F}_1$ in die beiden Nebenklassen $\mathbf{F}_1$ und $q\mathbf{F}_1$, daher ist auch hier

$$\mathbf{F}_{1/\mathbf{F}_1}^3 \simeq \mathbf{C}_2.$$

6. $\mathbf{F}_2^1$ zerfällt bzgl. $\mathbf{F}_1$ in die vier Nebenklassen $\mathbf{F}_1$, $d\mathbf{F}_1$, $s\mathbf{F}_1$ und $ds\mathbf{F}_1$. Die Faktorgruppe ist eine 4elementige Gruppe; deren von der Gruppeneins verschiedene Elemente haben jeweils die Elementeordnung 2. Daher wird die Faktorgruppe isomorph zur Kleinschen Vierergruppe

$$\mathbf{F}_{2/\mathbf{F}_1}^1 \simeq \mathbf{C}_2 \otimes \mathbf{C}_2 \simeq \mathbf{D}_2.$$

7. F_2^2 zerfällt bzgl. F_1 in die vier Nebenklassen F_1, dF_1, rF_1 und drF_1. Auch hier ergibt sich wie im vorhergehenden Falle

$$F_{2/F_1}^2 \simeq C_2 \otimes C_2 \simeq D_2.$$

Nun ermitteln wir die Untergruppenbeziehung der Friesgruppen zueinander. Alle Friesgruppen entstehen aus einer Translationsgruppe F_1 durch Adjunktion von weiteren Symmetrien. Also ist F_1 minimales Element für alle die Friesgruppen mit derselben Translationsuntergruppe. Für den Untergruppengraphen erhält man folgendes Diagramm (eine Verbindungskante von unten nach oben bedeutet Untergruppenbeziehung):

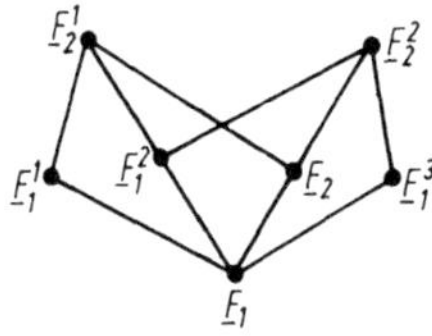

Es handelt sich dabei stets sogar um Normalteiler. Von F_1 in allen übrigen war das schon vermerkt.
F_1^1, F_1^2 und F_2 sind in F_2^1 Untergruppen vom Index 2. Entsprechendes gilt von F_1^2, F_2 und F_1^3 in F_2^2.
Denn es ist

$$F_2^1 = F_1^1 \cup dF_1^1, \qquad F_2^2 = F_1^2 \cup dF_1^2,$$
$$F_2^1 = F_1^2 \cup sF_1^2, \qquad F_2^2 = F_2 \cup sF_2,$$
$$F_2^1 = F_2 \cup sF_2, \qquad F_2^2 = F_1^3 \cup dF_1^3.$$

Untergruppen vom Index 2 sind aber stets Normalteiler.

5.2. Künstlerische Beispiele zu den Streifenornamenten

Als die Menschen begannen, Gegenstände des täglichen Bedarfs mit Zeichen und Figuren zu versehen, ist es ihnen dabei wohl nicht um eine Erhöhung des Gebrauchswertes gegangen, sondern um die Betonung und Verstärkung des Wesentlichen, vielleicht auch um eine gewisse Angst vor der leeren Fläche. Von diesen ersten Anfängen bis zur systematischen Schmuckgestaltung war es ein weiter

Weg. Zunächst einmal mußten geometrische Gebilde gefunden werden, und als Vorbild konnte nur die Natur dienen, die reale Welt. Das Auffinden von Figuren stellt eine großartige geometrische Leistung dar; das Zusammenfügen von Zeichen und Figuren zu Ornamenten ist bereits als geometrische Konstruktion zu werten. Auffallend und bemerkenswert ist, daß uns Ornamente in allen Kulturkreisen begegnen: bei den indianischen Kulturen Amerikas genauso wie bei den afrikanischen, bei den lappländischen oder den sumerischen ebenso wie in der Donauregion Mitteleuropas.

Die jeweils vor sich gegangenen Entwicklungen können wir nicht nachvollziehen, jedoch sind sie mit Sicherheit sehr unterschiedlich verlaufen: in Abhängigkeit von der Umwelt, von den genutzten Materialien, Werkzeugen und vom Verwendungszweck der Gegenstände. So finden wir Ornamente, Verzierungen sowohl auf verschiedenen Gegenständen und auf der Kleidung als auch an und in Bauwerken.

Einfachste Schmuckelemente für Streifenornamente sind parallel angeordnete gleichlange Strecken, in Zickzacklinie geführte Streckenzüge, gewellte Linien oder Kombinationen davon, Anordnungen von Drei- und Mehrecken, verschlungene Linien und Bänder. An Fachwerkbauten sind viele dieser Elemente zu finden. Abb. 48a und Abb. 48b zeigen Fassadenausschnitte zweier Wohnhäuser. Die Fachwerkstreifen beider Fassaden gestatten die Ausführung von Translationen und von Halbdrehungen; die Symmetrie bezüglich der Längs- oder Friesachse gestattet Spiegelungen an ihnen. Diese Fachwerkstreifen sind Beispiele für die Friesgruppe F_2^1, wie sich mit Hilfe des Algorithmus aus 5.1. ergibt.

Die obere Balkenverzierung in Abb. 48b gestattet zwei unterschiedliche Betrachtungsweisen. Zunächst kann sie als ein Fries aus drei Elementarabschnitten (jeweils aus Zickzacklinien mit nach unten geführten Fortsätzen bestehend) aufgefaßt werden; dann sind keine Halbdrehungen vorhanden, aber Spiegelungen an Querachsen. Damit liefert dieser Fries ein Beispiel für die Gruppe F_1^2. Zum anderen ist es möglich, nur die Zickzackstruktur als unendliches Band zu betrachten. Ein Elementarbereich reicht von einer Zacke zur nächsten, wodurch die minimalen Translationen bestimmt sind. Ferner kommen Halbdrehungen vor sowie Spiegelungen an Querachsen; Spiegelung an der Längsachse ist hingegen nicht möglich. In diesem Falle ist also die Gruppe F_2^2 die zugehörige Friesgruppe. Die Elementarbereiche in den Abb. 48a und 48b sind von sehr einfacher und übersichtlicher Struktur. Auf sie können alle behandelten Operationen (Translationen, Halbdrehungen, Spiegelungen an

Abb. 48. a) Fachwerkstreifen und Streifenmuster (Wohnhaus in Quedlinburg)

Abb. 48. b) Fachwerkstreifen und Balkenverzierungen (Wohnhaus in Quedlinburg)

6   Flachsmeyer, Mathe.

Abb. 49. a) Streifenmuster am mittleren Querbalken (Wohnhaus in Quedlinburg)

Abb. 49. b) Streifenmuster als Wand- und Deckenbemalung (Grünhagenhaus in Quedlinburg)

der Längsachse und an Querachsen, Gleitspiegelungen) angewendet werden; daher entstehen bei Verschiebung dieser Elementarbereiche Friese mit der Symmetriegruppe F_2^1.
Das Streifenmuster auf dem mittleren Querbalken der Abb. 48a ist in Abb. 49a deutlicher zu erkennen. Es läßt nur Translationen und Gleitspiegelungen zu; seine Friesgruppe ist demzufolge F_1^3. Dieses Streifenmuster ist gleichmäßig ausgearbeitet. Die Abb. 49b zeigt ebenfalls ein Streifenmuster, das die Wandbemalung an einem Treppenaufgang wiedergibt. Mit demselben Streifen ist die Decke bemalt. Hier treten einige gut erkennbare Unregelmäßigkeiten auf, die sicher nicht gewollt sind. Auch bei späteren Beispielen werden

Abb. 50. a) Streifenband, Brüstungsfeld und Rosetten (Wohnhaus in Quedlinburg)

Abb. 50. b) Flechtband und Rosette (Wohnhaus in Quedlinburg)

solche kleinen Verstöße zu bemerken sein. Dieses zweite Streifenmuster ist ebenfalls ein Beispiel für die Friesgruppe F_1^3 (bei Vernachlässigung der Unregelmäßigkeiten). Das Streifenband der Abb. 50a besteht aus einem sehr einfachen Elementarbereich. Bei der vorliegenden Darstellung sind außer Translationen noch Halbdrehungen und Spiegelungen an der Längsachse ausgeführt worden, so daß diesem Streifenband die Friesgruppe F_2^1 zukommt. Die Drehungen der Rosette im mittleren Brüstungsfeld werden durch die Elemente der zyklischen Gruppe C_5 beschrieben. Die Balkenkopfrosette ist nicht ganz gleichmäßig ausgearbeitet, vermutlich soll sie (wie im unteren Teil deutlich wird) aus vier großen und vier kleinen Blättern bestehen; dann werden ihre Drehungen durch die Elemente der C_4 beschrieben. Die beiden Rosetten des mittleren

Bildteiles lassen auch noch Spiegelungen zu, während dies für die beiden Rosetten am rechten Bildrand nicht zutrifft.

Das Brüstungsfeld (einschließlich der Brüstungsrosette) ist symmetrisch aufgebaut; es ist größer als ein Halbkreis. Wenn man es als Elementarbereich eines Streifenornamentes nutzen würde, könnte man z. B. ein Ornament durch Translationen in vertikaler Richtung und ein anderes durch Translationen in horizontaler Richtung aufbauen; es würden dann die Friesgruppen F_1^1 bzw. F_1^2 in Frage kommen. Derartige Streifenornamente gelangen selten zur Ausführung. So ist zu beobachten, daß Brüstungsfelder gleicher Struktur erst in Abständen an derselben Fassade wieder verwendet werden; oftmals werden die unterschiedlichen Brüstungsfelder in verschiedenen Abständen wiederholt. Das Flechtband der Abb. 50b ist als eben zu betrachten.

In Abhängigkeit von der genauen Betrachtungsweise, d. h. je nach Beachtung oder Fortlassung des oberen Randes, erhalten wir als Friesgruppe F_1 bzw. F_1^1.

Die Abb. 51a zeigt wiederum ein anderes Flechtband, auf dessen Elementarbereich nur Translationen und Halbdrehungen ausgeübt werden können; dies ergibt die Friesgruppe F_2.

Von ganz anderem Aufbau ist das Streifenornament der Abb. 51b. Als Elementarbereich kann man z. B. zwei übereinanderliegende Rosetten betrachten. Die halben Erhebungen oben vom Elementarbereich sind vermutlich vorhanden gewesen, aber bei Ausbesserungsarbeiten nicht wieder hergestellt worden; sie sollen zunächst nicht in die Betrachtungen einbezogen werden. Außer Translationen sind dann nur Spiegelungen an Querachsen möglich, so daß F_1^2 die zugehörige Friesgruppe ist. Berücksichtigt man dagegen die oberen halben Erhebungen, dann sind außer den genannten Symmetrieoperationen noch Halbdrehungen und die Spiegelung an der Längsachse (und folglich auch Gleitspiegelungen) möglich. Damit ist eine Beschreibung durch die F_2^1 gegeben. Natürlich ist es auch möglich, nur einen Streifen des Ornamentes zu betrachten; der Leser kann sich selbst überlegen, welche Friesgruppen den oberen Streifen ohne halbe obere Erhebungen und den oberen Streifen mit halben oberen Erhebungen beschreiben.

Streifenornamente hat man keineswegs nur geradlinig ausgeführt. So zeigt Abb. 51c zwei bogenförmige Ornamentfriese. Denkt man sie geradlinig geführt, dann erkennt man die Möglichkeit der Durchführung von Translationen und Halbdrehungen und damit die Beschreibung mit Hilfe der Friesgruppe F_2.

Abb. 52 zeigt zwei Streifenornamente. Im ersten Beispiel kann das

Abb. 51. a) Flechtband am Kapitell einer Arkadensäule im Quedlinburger Dom

Abb. 51. b) Streifenornament an einem Arkadenpfeiler im Quedlinburger Dom

Abb. 51. c) Bogenförmige Ornamentfriese im nördlichen Nebenchor des Quedlinburger Domes

Abb. 52. Streifenornamente von zwei Grabplatten in der Krypta des Quedlinburger Domes

Ornament unterschiedlich betrachtet werden. Wenn man die oberen und unteren Blattspitzen als verschieden ansieht, so bekommt man ein Ornament mit der Friesgruppe F_1^2.

Werden die Blattspitzen hingegen als gleich angenommen, dann erhält man die Friesgruppe F_2^2. Das zweite Ornament weist Blüten und Blätter im Wechsel auf. Für das Ornament sind dann nur Translationen und Querachsenspiegelungen möglich. Es ergibt sich die Gruppe F_1^2.

Einen aus Nigeria stammenden, aus Holz gearbeiteten Deckel zeigt Abb. 53a. Zu seiner Verzierung wurden drei unterschiedliche Streifenornamente benutzt. Der äußere linke und der äußere rechte Streifen sollen wohl übereinstimmen, ebenso wie die jeweils innen benachbarten. Der zentrale Streifen zeigt ein Flechtband, das bereits in Abb. 51a aufgetreten ist. Wenn man bei der Zickzacklinie der äußeren Streifen die Schraffur außer acht läßt, dann liegt derselbe Fall vor wie bei der Zickzacklinie der Abb. 48b, nämlich die Gruppe F_2^2. Bei Berücksichtigung der Schraffur entfallen die Spie-

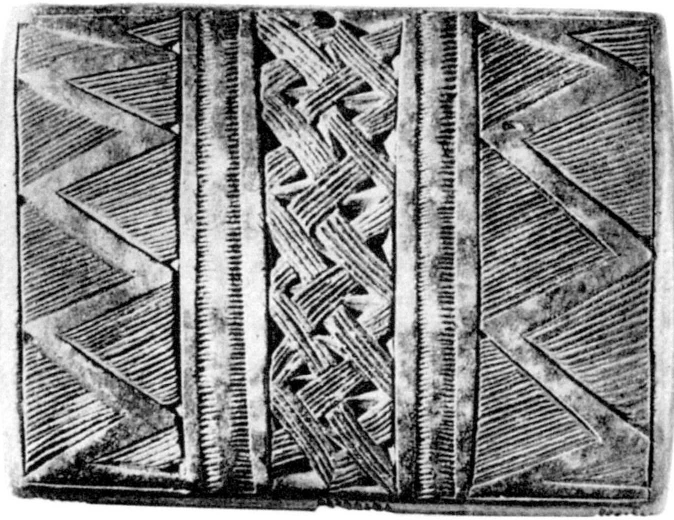

Abb. 53. a) Streifenornamente auf einem Holzdeckel aus Nigeria

Abb. 53. b) Verziertes Holzbrett aus Nigeria, das kultischen Zwecken diente

gelungen an den Querachsen, so daß es sich um die Friesgruppe F_2 handelt.

Ebenfalls aus Nigeria stammt das Holzbrett der Abb. 53b, das kultischen Zwecken diente. Ob die vorhandenen Asymmetrien (im oberen Rand links drei dreiecksverzierte Linien, rechts dagegen vier; im linken und rechten Rand jeweils unterhalb des Vogels links zwei, rechts drei dreiecksverzierte Linien) beabsichtigt oder zufällig sind, ist nicht bekannt. Hier soll von den Unregelmäßigkeiten abgesehen werden und der Rand als symmetrisch bezüglich der senkrechten Mittellinie aufgefaßt werden. Dann können mit diesem Elementarbereich – ähnlich wie mit dem Brüstungsfeld der Abb. 50a – zwei unterschiedliche Friese aufgebaut werden, je nachdem ob die Translationen in vertikaler oder in horizontaler Richtung erfolgen. Ganz entsprechend werden auch hier die Friesgruppen F_1^1 bzw. F_1^2 erhalten.

Die Abb. 54a (Abb. 54 befindet sich im Bildteil) zeigt ein Gefäß aus Kamerun, das mit Ornamenten geschmückt ist. Je nachdem welche Streifen betrachtet werden, können unterschiedliche Symmetrieoperationen angewendet werden. Zum Beispiel kann man die dreiecksverzierten Linien für sich betrachten. Man kann aber auch diese beiden Linien einschließlich des inneren Flechtbandes als ein Ornament auffassen, ebenso die gesamte Verzierung des Gefäßes. Davon hängt es ab, ob bzw. welche anderen Operationen außer Translationen noch möglich sind. Das Gefäß ist aus einem ausgehöhlten Flaschenkürbis gefertigt.

Noch reicher geschmückt sind die aus Neuguinea stammenden Gefäße der Abb. 54b, die aus Kokosnüssen gearbeitet wurden. Der Einfallsreichtum der Bearbeiter ist bewundernswert, die Vielfalt der verwendeten Ornamente beeindruckend. Auf jedem Gefäß sind jeweils mehrere Streifenornamente zu erkennen.

Wiederholt treten Zickzacklinien auf; bei dem Gefäß auf der linken Bildhälfte ist das Ornament am Gefäßrand symmetrisch zur Längsachse und zu Querachsen gestaltet, wird also durch die F_2^1 beschrieben. Das darunterliegende Ornament besitzt verschiedene kleine Unregelmäßigkeiten. Je nach Vernachlässigung dieser gelangt man zu den Friesgruppen F_1 bzw. F_1^2.

Schließlich sei noch auf die Ornamentik des Henkels hingewiesen: bei dem Gefäß auf der rechten Bildhälfte enthält das Henkel-Ornament Querachsenspiegelungen und Drehungen, aber keine Längsachsenspiegelung. Die Friesgruppe ist daher F_2^2.

Doch auch bei den Bauten unseres Jahrhunderts wird auf schmückende Streifenornamente nicht verzichtet. Die Abb. 54c und 54d zeigen in anschaulicher Weise, wie traditionelle Schmuckelemente zu schönen und repräsentativen Friesen verarbeitet werden können. Es handelt sich um einen Wandfries und um Torbogenfriese am Haus der Ministerien in Jerewan, der Hauptstadt Armeniens. Übrigens ist auf der Ebene, in welche die Tür eingesetzt ist, ein ansprechendes Flächenornament erkennbar.

6. Die Wandmustergruppen, Flächenornamente

6.1. Zur gruppentheoretischen Klassifizierung der Wandmuster

Die bisherigen Ornamentgruppen waren die endlichen Untergruppen von $\text{Mot}(E)$ und die Friesgruppen in $\text{Mot}(E)$. Diese beiden Typen haben eine metrische Eigenschaft gemeinsam, die sich auf den Bahnverlauf eines beliebigen Punktes von E bezieht: Wenn man eine beliebige Untergruppe $\mathbf{G}$ in $\text{Mot}(E)$ hat, so heißt für einen willkürlich gewählten Punkt $P \in E$ die Menge aller Punkte $b(P)$, $b \in \mathbf{G}$, der *Orbit* von P bzgl. $\mathbf{G}$. Der Orbit von P ist eine Punktmenge, die durch jedes $b \in \mathbf{G}$ mit sich zur Deckung gebracht wird. Die Orbits zweier verschiedener Punkte P, Q stimmen nur dann überein, wenn der eine Punkt P in den anderen Punkt Q durch eine Bewegung aus $\mathbf{G}$ überführt werden kann. Die Orbits für eine Drehgruppe C_n ($n \geq 3$) sehen beispielsweise wie folgt aus. Der Orbit des Drehzentrums ist einpunktig und besteht aus dem Zentrum. Der Orbit eines vom Drehzentrum verschiedenen Punktes besteht aus den Eckpunkten eines regelmäßigen n-Ecks, dessen Zentrum der Drehpunkt ist. Der Leser zeichne sich übungshalber die Orbits verschiedener Punkte für die Friesgruppen. Die uns interessierende metrische Eigenschaft der Ornamentgruppen findet in der *Diskretheit* eines jeden Orbits ihren Ausdruck. Was bedeutet das? Die Punkte eines Orbits häufen sich nirgends, d. h., bei beliebig gegebenem Orbit kann man für jeden Punkt der Ebene einen geeigneten Kreis mit positivem Radius finden, so daß in diesem Kreis höchstens ein Punkt des gegebenen Orbits liegt. Eine Wandmustergruppe $\mathbf{W}$ ist eine diskrete Untergruppe der Bewegungsgruppe der euklidischen Ebene, die Translationen in linear unabhängigen Richtungen aufweist. Die sämtlichen Translationen in $\mathbf{W}$ bilden eine Untergruppe $\mathbf{W}_1$ in $\mathbf{W}$. Das ist sogar ein Normalteiler. Unter allen echten Translationen von $\mathbf{W}_1$ gibt es wegen der Diskretheit der Gruppe eine mit minimaler Länge. Solch eine sei als Translation t_1 ausgewählt. In der durch t_1 bestimmten Richtung sind alle zu $\mathbf{W}_1$ gehörenden Translationen ganze Vielfache von t_1. Unter den zu t_1 linear unabhängigen Translationen von $\mathbf{W}_1$ gibt es wieder eine mit minimaler Länge. Es sei eine solche als t_2 ausgewählt. Jede zu

$\mathbf{W}_1$ gehörende Translation t stellt sich darum als Hintereinanderausführung eines ganzen Vielfachen von t_1 und eines ganzen Vielfachen von t_2 dar. Als Produkt in der Gruppe $\mathbf{W}_1$ aufgefaßt, hätte
man

$$t = t_1^m t_2^n = t_2^n t_1^m.$$

Die beiden Translationen t_1 und t_2 zusammen erzeugen die
Gruppe $\mathbf{W}_1$, die demzufolge isomorph zu dem direkten Produkt der
unendlichen zyklischen Gruppe mit sich ist: $\mathbf{W}_1 \simeq \mathbf{C}_\infty \otimes \mathbf{C}_\infty$.
Wenn man die Translationen als Vektoren deutet, so wäre
$t = mt_1 + nt_2$. Ein beliebiger Punkt P der Ebene wird durch die
Transformationsgruppe $\mathbf{W}_1$ in die Schnittpunkte zweier Parallelscharen überführt. Der Orbit von P bzgl. $\mathbf{W}_1$ heißt ein zu $\mathbf{W}$ gehöri-
ges *Translationsgitter*. $\mathbf{W}_1$ besteht gerade aus denjenigen Translationen der Ebene, die das Gitter invariant lassen. Je zwei
verschiedene Punkte P, Q liefern kongruente Gitter, die durch eine
Translation ineinander überführbar sind. Diese Translation gehört
nur dann zu $\mathbf{W}$, wenn durch P, Q ein und dasselbe Gitter entsteht.
Drei Nachbarpunkte des Gitters, die sich in allgemeiner Lage befinden, spannen ein Parallelogramm auf, das man *Elementarzelle*
oder *Gittermasche* des Translationsgitters nennt (Abb. 55).

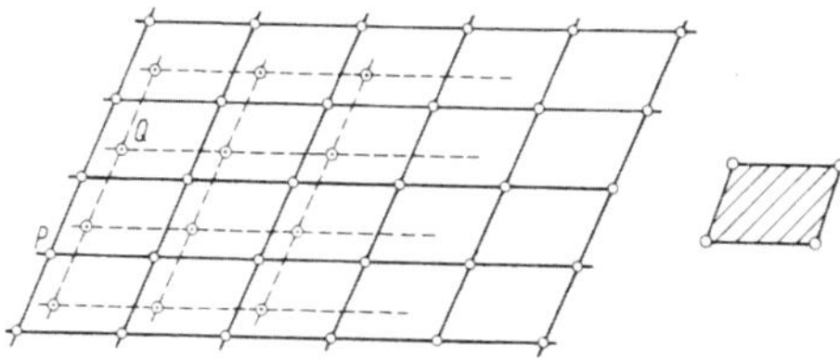

Abb. 55. Translationsgitter zu den Punkten P, Q; Elementarzelle (Gittermasche)

Die einfachste Wandmustergruppe enthält außer Translationen
keine weiteren Symmetrieabbildungen. Man kann leicht ein Wandmuster mit der Symmetriegruppe $\mathbf{W}_1$ angeben. Dazu braucht man
ja nur in eine Elementarzelle eine unsymmetrische Figur einfügen
und diese durch die Translationen aus $\mathbf{W}_1$ auf die ganze Ebene zu
überführen. Die weiteren möglichen Wandmustergruppen entstehen durch Anreicherung der Gruppe $\mathbf{W}_1$ mittels der anderen Sym-
metrieelemente: Drehungen, Spiegelungen und Gleitspiegelungen.
Die Art des zugrundeliegenden Translationsgitters bestimmt we-

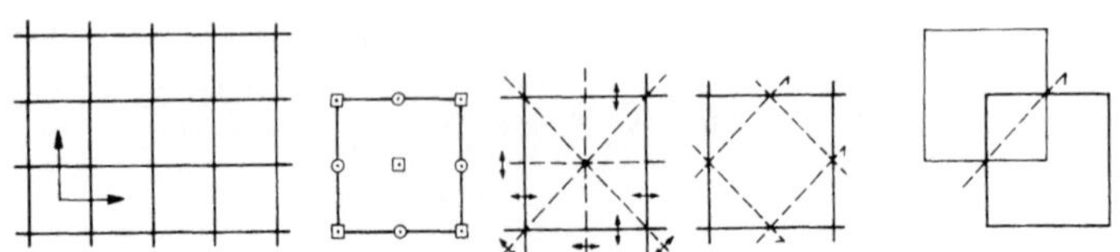

Abb. 56. Zur Ornamentgruppe eines Quadratmosaiks (Hinweis:
⊙ 2er-Drehung (Halbdrehung) um den angegebenen Punkt,
▣ 4er-Drehung (Vierteldrehung) um den angegebenen Punkt,
↔ Spiegelachse,
↾ Gleitspiegelachse)

sentlich die Fülle der auftretenden Symmetrien. Die beiden denkbaren Extremfälle der Translationsgitter sind das quadratische und
das rhombisch-hexagonale Translationsgitter.
Wir diskutieren diese beiden Spezialfälle und untersuchen dafür
alle Symmetrien einer Quadratfelderung und einer regelmäßigen
Sechseckfelderung der Ebene (Abb. 56).
Das Quadratmosaik läßt als Drehungen nur 4er-Drehungen und
2er-Drehungen zu. Die Drehzentren der 4er-Drehungen werden
von den Eckpunkten und den Mittelpunkten der Grundquadrate gebildet. Die Drehzentren der 2er-Drehungen sind die Seitenmitten
der Grundquadrate. Spiegelachsen sind die Quadratseiten, die Mittellinien und die Diagonalen der Grundquadrate. Da in diesen
Richtungen auch Translationen aus W_1 möglich sind, gibt es auch
Gleitspiegelungen des Quadratmosaiks mit diesen Achsen. Reine
Gleitspiegelachsen sind hingegen die Parallelen zu den Diagonalen
der Quadrate durch die Seitenmitten der Quadrate. Die Symmetriegruppe des Quadratmosaiks wird (nach L. Fejes Tóth) mit W_4^1
bezeichnet. Ein minimales Erzeugendensystem für W_4^1 erhält man
etwa aus einer 4er-Drehung d um den Eckpunkt eines Quadrates,
einer benachbarten 2er-Drehung $\hat{d}$ um die Seitenmitte des Quadrates und der Spiegelung s an der Quadratseite, welche die beiden
Drehpunkte von d und $\hat{d}$ enthält. Über die Produkte von d, $\hat{d}$ und s
bestätigt man beispielsweise die Zusammenhänge auf S. 93.

Die Gruppe W_4^1 kann auch aus drei Spiegelungen erzeugt werden.
Als mögliche Spiegelachsen kommen dabei eine Quadratseite, eine
dazu senkrechte Mittellinie und eine Diagonale in Frage. Die
Translationen und die Drehungen eines Quadratmosaiks bilden
selbst wieder eine Gruppe. Das ist die Wandmustergruppe W_4. Ein
zugehöriges Ornament mit dieser Symmetriegruppe erhält man

Produkt	Symmetrieabbildung	Lageskizze
d^2	Halbdrehung um Drehpunkt von d	
d^3	Entgegengesetzte 4er-Drehung zu d	
$d\hat{d}$	4er-Drehung um Quadratmitte (Rechtsdrehung, wenn d Linksdrehung)	
$s\hat{d} = \hat{d}s$	Spiegelung an Mittellinie des Quadrats	
ds	Spiegelung an Quadratdiagonale	
$s\hat{d}(d\hat{d})^2$	Spiegelung an Mittellinie des Quadrates	
$ds(d\hat{d})^2$	Spiegelung an Quadratdiagonale	
$sd^2 = d^2s$	Spiegelung an Quadratseite	
$d^2\hat{d}(d\hat{d})^2$	2er-Drehung um Seitenmitte	
$\hat{d}d^2$	Translation längs Quadratseite	
$\hat{d}sd^3$	Gleitspiegelung an Achse parallel zur Diagonale	

Abb. 57. Ein Flächenornament mit der Wandmustergruppe W_4

etwa durch Einfügen einer C_4-symmetrischen Figur in eine Elementarzelle (Abb. 57).

Die Gruppe W_4 läßt sich aus zwei Elementen erzeugen. Als Erzeugende können eine 4er-Drehung d und eine benachbarte 2er-Drehung $\hat{d}$ dienen. In W_4 machen sämtliche Translationen und sämtliche 2er-Drehungen eine weitere Ornamentgruppe W_2 aus. Zu der aus W_4 gebildeten Untergruppe W_2 zählen auch alle Quadrate der 4er-Drehungen von W_4. Über die Gruppe W_2 gilt es noch zu bemerken, daß die Elementarzelle nicht mehr quadratisch zu sein braucht, sondern ein allgemeines Parallelogramm sein kann (Abb. 58).

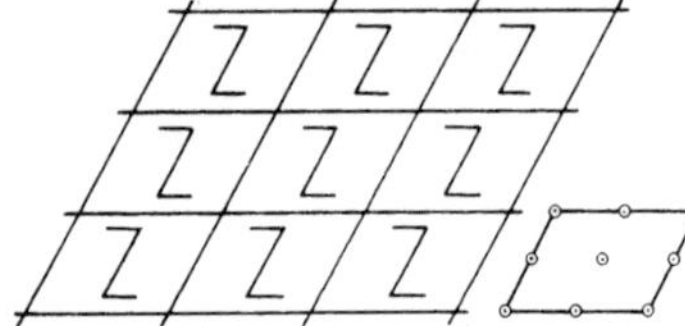

Abb. 58. Ein Wandmuster mit der Symmetriegruppe W_2 (Lage der Drehpunkte)

Die Drehpunkte bilden ein Gitter, das um das Doppelte feiner ist als das Translationsgitter.

Die Gruppe W_2 entsteht aus der Translationsgruppe W_1 durch Hinzunahme einer 2er-Drehung d. W_1 ist vom Index 2 in W_2. Die Gruppe W_2 zerfällt nach der Untergruppe W_1 in zwei Nebenklassen:

$$W_2 = W_1 \cup d W_1 .$$

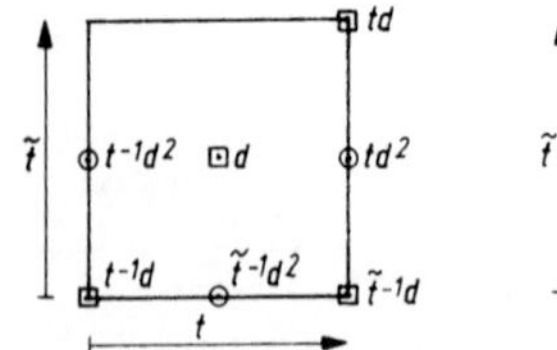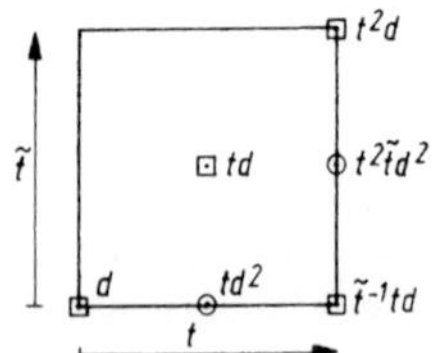

Abb. 59. Zur Zusammensetzung von Translationen eines Quadratgitters mit einer 4er-Drehung

Eine Gruppe W_2 ohne quadratisches Translationsgitter läßt sich natürlich nicht zu einer Gruppe W_4 erweitern. W_2 habe ein quadratisches Translationsgitter. Ersetzt man eine 2er-Drehung um den Mittelpunkt eines Quadrats oder um einen Eckpunkt eines Quadrates durch eine 4er-Drehung d, so erzeugt W_1 zusammen mit d die Gruppe W_4 mit dem vorher fixierten Translationsgitter (Abb. 59).
Die Gruppe W_4 zerfällt nach der Untergruppe W_1 in 4 Nebenklassen:

$$W_4 = W_1 \cup dW_1 \cup d^2W_1 \cup d^3W_1.$$

Dabei ist

$$W_2 = W_1 \cup d^2W_1.$$

Aus W_4 entsteht durch Hinzunahme einer Spiegelung s an einer Geraden durch Drehpunkte von 4er-Drehungen die schon erörterte Gruppe W_4^1.
Eine systematische Behandlung der Ergänzung von den Gruppen W_1, W_2, W_4 durch mögliche Spiegelungen oder Gleitspiegelungen unter Beibehaltung der ursprünglichen Translationen und Drehungen liefert bei W_1 noch drei weitere Gruppen, bei W_2 noch vier Gruppen und bei W_4 außer der schon ermittelten Gruppe W_4^1 noch eine weitere Gruppe. Das stellen wir aber einstweilen zurück, um zunächst erst die Gruppe eines Sechseckmosaiks zu untersuchen (Abb. 60).

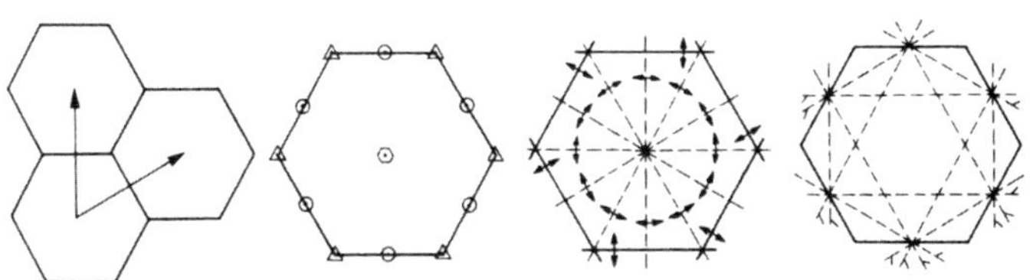

Abb. 60. Das Sechseckmosaik und seine Symmetrieabbildungen (Hinweis:
△ 3er-Drehung (Dritteldrehung) um den angegebenen Punkt,
⊙ 6er-Drehung (Sechsteldrehung) um den angegebenen Punkt)

Das Sechseckmosaik läßt als Drehungen nur 6er-Drehungen, 3er-Drehungen und 2er-Drehungen zu. Die Drehzentren der 6er-Drehungen werden von den Mittelpunkten der Sechsecke gebildet. Die Drehzentren der 3er-Drehungen liegen in den Eckpunkten der Grundsechsecke. Die Drehzentren der 2er-Drehungen sind die Seitenmitten der Grundsechsecke.

Als Spiegelachsen erscheinen die Sechseckseiten, die Mittellinien
der Sechsecke (Geraden durch die Mitten gegenüberliegender Seiten) und die Diagonalen, welche durch die Gegenecken des Sechsecks verlaufen. Weil in diesen Richtungen auch Translationen aus
W_1 möglich sind, gibt es auch Gleitspiegelungen des Sechseckmosaiks mit diesen Achsen. Reine Gleitspiegelachsen sind hingegen
die durch benachbarte Seitenmitten verlaufenden Parallelen zu
den Mittellinien der Sechsecke und auch die durch Seitenmitten
verlaufenden Parallelen zu den Sechseckseiten (Parallelen zu Diagonalen). Die Symmetriegruppe des Sechseckmosaiks wird mit W_6^1
bezeichnet. Ein minimales Erzeugendensystem für W_6^1 erhält man
etwa aus einer 6er-Drehung d und einer Spiegelung s an einer benachbarten Sechseckseite.

Man bestätigt über die Produkte von d und s beispielsweise folgende Zusammenhänge aus einer umfangreicheren Liste möglicher
Produkte:

Produkt	Symmetrieabbildung	Lageskizze
d^2 und d^4	zueinander entgegengesetzte 3er-Drehungen um Drehpunkt von d	
d^3	2er-Drehung um Drehpunkt von d	
s	Spiegelung an Sechseckseite	
ds	Gleitspiegelung an Achse parallel zur Mittelli-nie	
sd	Gleitspiegelung an Achse parallel zur Mittelli-nie	
sd^2	Gleitspiegelung an Achse parallel zur Diago-nale	

Produkt	Symmetrieabbildung	Lageskizze
d^2s	Gleitspiegelung an Achse parallel zur Diagonale	
$dsds$	Translation	
$sdsd$	Translation	
d^3s	Gleitspiegelung an Mittellinie	
sd^3	Gleitspiegelung an Mittellinie	
sds	6er-Drehung (Gegenrichtung zu d) um Nachbardrehpunkt zu d	
dsd	Gleitspiegelung an Achse parallel zur Diagonale	

Aus den beiden Translationen $dsds$ und $sdsd$ kann man alle Translationen des Sechseckmosaiks erzeugen. Das Translationsgitter ist rhombisch-hexagonal. Die Translationen zusammen mit der Drehung d erzeugen eine Gruppe $\mathbf{W}_6$, die außer den Mosaiktranslationen nur noch die Drehungen des Mosaiks enthält. Bedeutet t eine Minimaltranslation, so werden td, dt 6er-Drehungen um Mittelpunkte von Nachbarsechsecken, td^2, d^2t werden 3er-Drehungen um Eckpunkte des Ausgangssechseckes, und td^3, d^3t werden 2er-Drehungen um Seitenmitten des Ausgangssechseckes (Abb. 61).

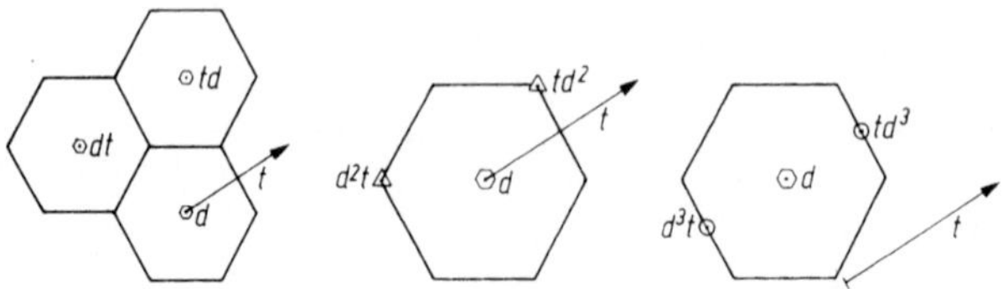

Abb. 61. Die Zusammensetzungen von Minimaltranslation t mit 6er-Drehung d und ihre Potenzen d^2, d^3

Die Bewegungsgruppe $\mathbf{W}_6$ ist auch eine Wandmustergruppe. Zum Nachweis eines Ornamentes, das als Symmetriegruppe eben diese Gruppe $\mathbf{W}_6$ besitzt, braucht man ja nur in dem Grundsechseck eines Sechseckmosaiks eine $\mathbf{C}_6$-symmetrische Figur anzubringen und diese durch die Translationen in die anderen Wabenfelder zu übertragen (Abb. 62).

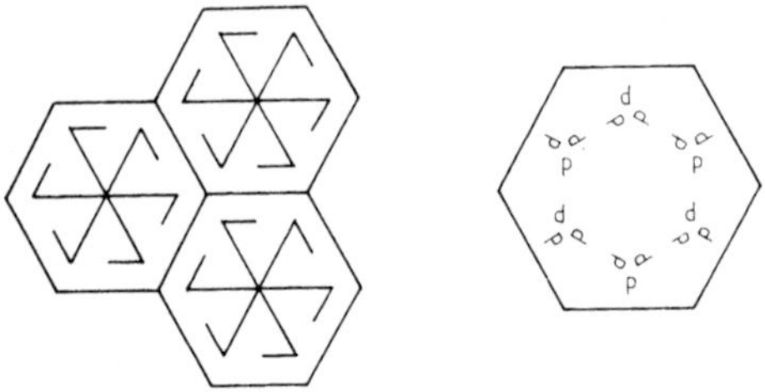

Abb. 62. Ein Ornament im Gräten- und im Buchstabenmuster mit der Gruppe $\mathbf{W}_6$

Nun soll die Gruppe $\mathbf{W}_6$ durch Hinzunahme einer Spiegelung s zu einer Gruppe erweitert werden, so daß aber keine neuen Translationen oder Drehungen entstehen. Welche Möglichkeiten gibt es dafür?
Die Achse der Spiegelung s muß jetzt durch einen 6er-Drehpunkt verlaufen. Sonst konstruiert man mittels einer 6er-Drehung d genau nach demselben Vorgehen wie beim Sechseckmosaik mit den dortigen Bewegungen d und s doch schließlich 2er-, 3er- und 6er-Drehpunkte, die auf der Achse von s liegen (entgegen der Voraussetzung hätte das neue 6er-Drehpunkte ergeben). Durch den auf der Achse von s liegenden 6er-Drehpunkt gehen dann die sechs Achsen der von s und der entsprechenden Drehung erzeugten Gruppe $\mathbf{D}_6$. Die um die Spiegelung s erweiterte Gruppe $\mathbf{W}_6$ liefert damit die volle Mosaikgruppe $\mathbf{W}_6^1$.

Will man die Gruppe W_6 wieder unter alleiniger Beibehaltung der gegebenen Translationen und Drehungen durch eine Gleitspiegelung erweitern, so führt eine genaue Analyse ebenfalls auf die volle Mosaikgruppe W_6^1. Es gibt demnach nur zwei Wandmustergruppen, die 6er-Drehungen aufweisen. Beide haben ein rhombisch-hexagonales Translationsgitter, und die eine Gruppe – W_6 – besitzt weder Spiegelungen noch Gleitspiegelungen. Sie ist eine Untergruppe vom Index 2 in der Gruppe W_6^1. Die Gruppe W_6^1 läßt sich entsprechend zur Gruppe W_4^1 auch aus drei Spiegelungen erzeugen. Dazu nimmt man als Spiegelachsen zwei Seiten eines gleichseitigen Dreiecks und eine Höhe dieses Dreiecks, die mit den gewählten beiden Seiten ein rechtwinkliges Dreieck aufspannen. Die erzeugte Gruppe führt auf den Fall der von einer 6er-Drehung und einer Spiegelung aufgebauten Gruppe.
Nun wenden wir uns den Wandmustergruppen mit Dreierdrehungen zu. Wenn man bei einem Sechseckmosaik in einem Grundsechseck eine C_3-symmetrische Figur unterbringt und diese gemäß den Translationen des Mosaiks in den anderen Wabenfeldern wiederholt, so entsteht ein Ornament, welches als Drehungen nur 3er-Drehungen zuläßt (Abb. 63).

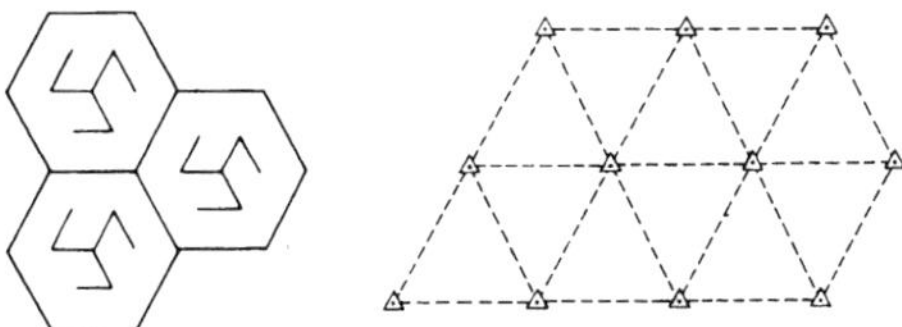

Abb. 63. Ein Ornament mit der Wandmustergruppe W_3 und Drehpunkte des Musters

Die 3er-Drehungen erfolgen um die Mittelpunkte der Sechsecke und die Eckpunkte der Sechsecke. Die Drehpunkte bilden demnach ein reguläres Dreieckmuster. Die Mittelpunkte der Sechsecke bilden ebenfalls ein reguläres Dreieckmuster. Das Muster der Drehpunkte entsteht aus dem letzten Dreieckgitter durch Hinzunahme der Schwerpunkte der Dreiecke. Diese Schwerpunkte werden die Ecken des Sechseckmosaiks. Die entstandene Wandmustergruppe W_3 ist eine Untergruppe der entsprechenden Gruppe W_6. Nimmt man zu W_3 eine 2er-Drehung um eine Seitenmitte eines Dreiecks hinzu, dann entsteht die Gruppe W_6. Damit ist W_3 also vom Index 2 in W_6.
Welche Wandmustergruppen kann man aus W_3 durch Erweiterung

mit einer Spiegelung bzw. Gleitspiegelung erhalten, ohne neue Translationen oder Drehungen zu bekommen? W_3 hat ein rhombisch-hexagonales Translationsgitter. Die Translationsgruppe W_1 ist ein Normalteiler in der erweiterten Gruppe W. Für eine Spiegelung s wird also mit jeder Translation $t \in W_1$ die Transformation sts ebenfalls eine Translation. Diese muß zu W_1 gehören. Ihr Verschiebungspfeil entsteht durch Spiegelung s aus dem Verschiebungspfeil von t. Wählt man für t eine Minimaltranslation aus, so ist auch sts minimal. Bei dem rhombischen Translationsgitter gibt es demnach zwei Fälle für den Verlauf der Spiegelachse von s. Entweder hat die Achse die Richtung der größeren oder die der kleineren Diagonale des Translationsrhombus. Damit entstehen aus der Gruppe W_3 die beiden Ornamentgruppen W_3^1 und W_3^2. Für W_3^1 liegt jedes Drehzentrum auf einer Spiegelachse, während bei W_3^2 auch Drehzentren außerhalb von Spiegelachsen auftreten (Abb. 64).

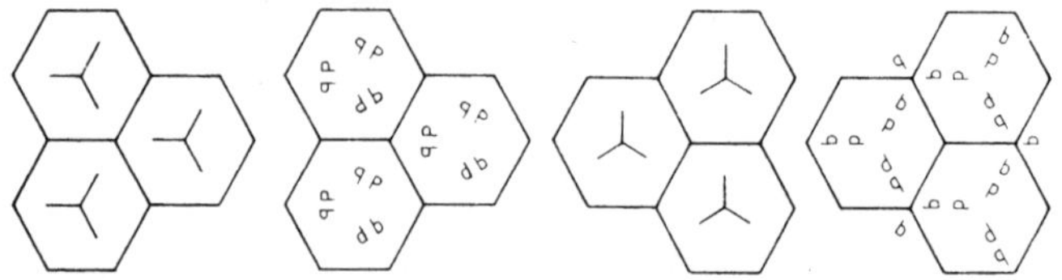

Abb. 64. Ornamente mit den Wandmustergruppen W_3^1 und W_3^2

Die Gruppe W_3^1 wird entsprechend den Gruppen W_4^1 und W_6^1 auch von Spiegelungen erzeugt. Die drei Seiten eines gleichseitigen Dreiecks können als Achsen von drei erzeugenden Spiegelungen der Gruppe genommen werden. Die Spiegelachsen von W_3^1 bilden damit die drei Parallelscharen von äquidistanten Parallelen, wovon sich Geraden verschiedener Scharen unter einem Winkel von 60° schneiden. Die Spiegelachsen fügen sich deshalb zu einem regulären Dreieckmuster zusammen. Die reinen Gleitspiegelachsen verlaufen parallel zu den Spiegelachsen. Jede dieser Gleitspiegelachsen halbiert den Streifen zweier benachbarter paralleler Spiegelachsen. Bei der Gruppe W_3^2 fügen sich die Spiegelachsen ebenfalls zu einem regulären Dreieckmuster zusammen. Die Schnittpunkte dieses Musters sind Drehzentren von W_3^2. Außerdem sind aber noch die Schwerpunkte dieser Dreiecke Drehzentren von W_3^2. Reine Gleitspiegelachsen kommen in W_3^2 ebenfalls vor. Diese verlaufen wieder zwischen benachbarten parallelen Spiegelachsen und halbieren den Parallelstreifen.
Nachdem wir bisher einige Wandmustergruppen im Detail disku-

tiert haben, wollen wir nun in groben Zügen noch die anderen Typen besprechen. Will man die Translationsgruppe $\mathbf{W}_1$ um eine Spiegelung s oder eine Gleitspiegelung r erweitern ohne neue Verschiebungen zu bekommen, dann muß also für jedes $t \in \mathbf{W}_1$ auch $sts \in \mathbf{W}_1$ bzw. $rtr^{-1} \in \mathbf{W}_1$ (Normalteilereigenschaft!) gelten. Mittels einer Minimaltranslation t ergibt sich, daß das Translationsgitter rhombisch oder rechteckig zu sein hat. Die Achse von s bzw. r verläuft parallel zur Rhombusdiagonale oder parallel zu einer Rechteckseite des Translationsgitters. Es resultieren dann für Wandmustergruppen ohne Drehungen – jedoch mit Spiegelungen bzw. Gleitspiegelungen – drei Möglichkeiten:

1) Die Wandmustergruppe $\mathbf{W}_1^1$ hat ein rhombisches Translationsgitter und eine Spiegelung mit einer Achse parallel zu einer Rhombusdiagonale. In diesem Falle treten auch reine Gleitspiegelachsen auf. Diese sind parallel zu den Spiegelachsen und wechseln sich mit diesen ab.
2) Das Translationsgitter ist rechteckig. Eine Spiegelachse ist parallel zu einer Rechteckseite, und es treten keine reinen Gleitspiegelungen auf. Das wird die Wandmustergruppe $\mathbf{W}_1^2$.
3) Für die Wandmustergruppe $\mathbf{W}_1^3$ besitzt das Gitter ebenfalls rechteckige Form. Diesmal treten nur reine Gleitspiegelungen auf (Abb. 65).

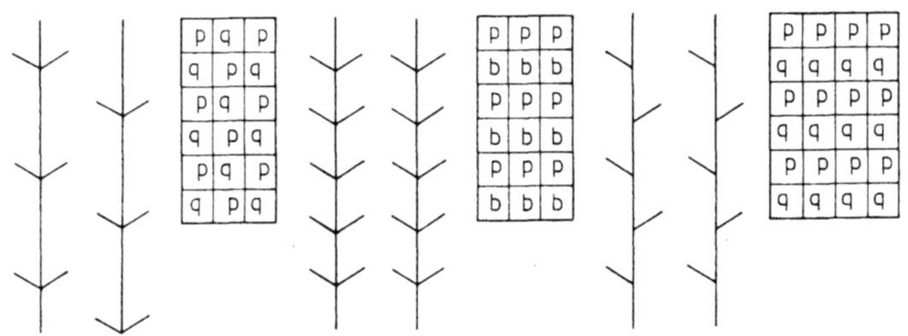

Abb. 65. Wandmuster im Gräten- und Buchstabenmuster mit den Symmetriegruppen $\mathbf{W}_1^1$, $\mathbf{W}_1^2$, $\mathbf{W}_1^3$

Die Erweiterung der Gruppe $\mathbf{W}_2$ um Spiegelungen bzw. Gleitspiegelungen bringt bei einem rhombischen Gitter die Gruppe $\mathbf{W}_2^1$. Es gibt zwei parallele Scharen von orthogonalen Spiegelachsen, die sich mit den reinen Gleitspiegelachsen abwechseln. Im Digyrengitter wird jede zweite Drehpunktreihe von Spiegelachsen gemieden. Für ein rechteckiges Translationsgitter und folglich auch rechtwinkliges Digyrengitter findet man drei Gruppen mit Spiegelungen bzw. Gleitspiegelungen. $\mathbf{W}_2^2$ hat zwei parallele Scharen orthogonaler Spiegelachsen, die sämtliche Drehpunkte enthalten. Reine Gleitspiegelungen treten nicht auf. $\mathbf{W}_2^3$ weist eine Schar von parallelen Spiegelachsen auf, die sämtliche Drehpunkte meiden, während eine dazu orthogonale Schar von reinen Gleitachsen durch die Drehpunkte verläuft. Die Gruppe $\mathbf{W}_2^4$ hat nur reine Gleitachsen. Diese treten in zwei parallelen Scharen auf, die orthogonal zueinander sind und die Drehpunkte meiden (Abb. 66).

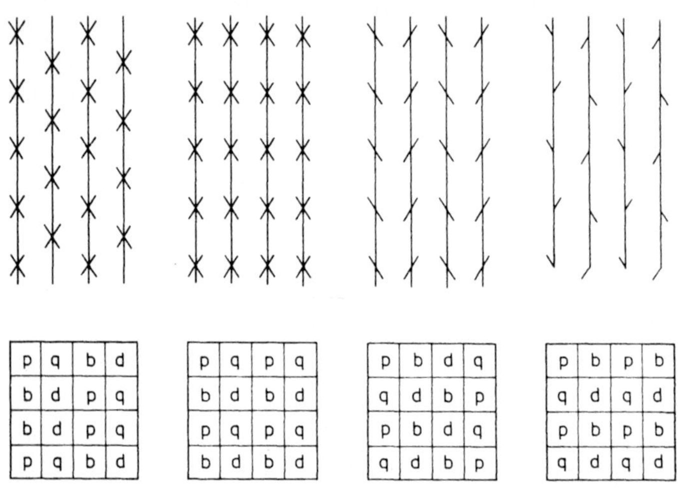

Abb. 66. Wandmuster im Gräten- und Buchstabenmuster mit den Symmetriegruppen $\mathbf{W}_2^1$, $\mathbf{W}_2^2$, $\mathbf{W}_2^3$, $\mathbf{W}_2^4$

Es verbleibt noch die Ergänzung der Gruppe $\mathbf{W}_4$ durch Spiegelungen oder Gleitspiegelungen. Das Translationsgitter ist quadratisch, also zugleich rechteckig und rhombisch. Um nicht auf die schon diskutierte Möglichkeit $\mathbf{W}_4^1$ zu kommen, kann die Spiegelachse bzw. Gleitspiegelachse nur parallel zur Quadratdiagonale verlaufen. Beim Vorhandensein von Spiegelachsen durch die 4er-Drehpunkte würde sich $\mathbf{W}_4^1$ ergeben. In der Tat gibt es eine Ornamentgruppe, wenn die Spiegelachsen außerhalb der 4er-Drehzentren liegen und nur durch die 2er-Drehzentren gehen. Gleitspiegelachsen laufen dann durch die 4er-Drehzentren. Die künstlerische Auffindung dieser Gruppe $\mathbf{W}_4^2$ hält der Schweizer Mathematiker ANDREAS SPEISER [17] für eine mathematische Leistung ersten Ranges

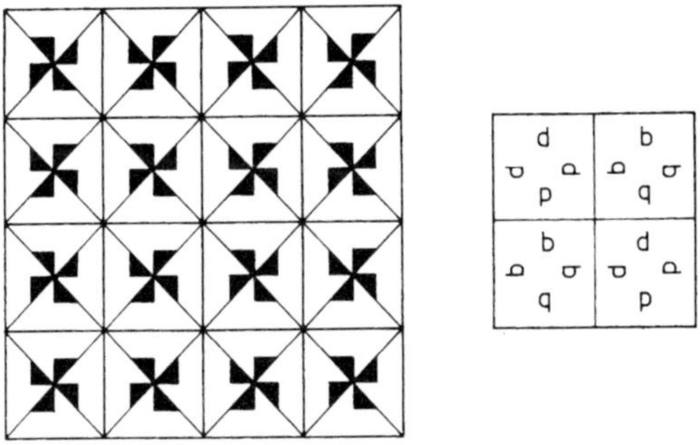

Abb. 67. Ornamente mit der Wandmustergruppe $\mathbf{W}_4^2$

(Abb. 67). Ist diese Wertung angesichts der Feststellung über die Symmetriegruppe des halbregulären Mosaiks (3, 3, 4, 3, 4) aufrecht zu erhalten (vgl. Abschnitt 6.2.)?

Damit sind alle Möglichkeiten erschöpft. In unserer Darlegung haben wir keine Begründung für die Behauptung gebracht, daß in einer Wandmustergruppe an Drehungen nur die Drehordnungen 2, 3, 4 und 6 auftreten können. Der Beweis dieser sogenannten kristallographischen Beschränkung verlangt eine weitergehende Analyse der Lage der Drehzentren in einer diskreten Bewegungsgruppe. Bei den künstlerischen Ornamenten aus alter Zeit kann man bisweilen den – allerdings vergeblichen – Versuch bemerken, in ein Wandornament eine C_5-Symmetrie einzubauen. Dieses Bemühen ist wegen der besonderen Bedeutung zu verstehen, die einerseits die Zahl 5 und andererseits das regelmäßige Fünfeck (Pentagon) bzw. das Sternfünfeck (Pentagramm) wegen ihrer nichttrivialen Konstruktion frühzeitig hatten.

Ein Entscheidungsalgorithmus zur Ermittlung
von Wandmustergruppen

Ähnlich wie bei den Friesornamenten ist auch bei Wandmustern ein algorithmisches Verfahren zur Entscheidung, welche Wandmustergruppe zu dem gegebenen Ornament gehört, äußerst zweckmäßig.

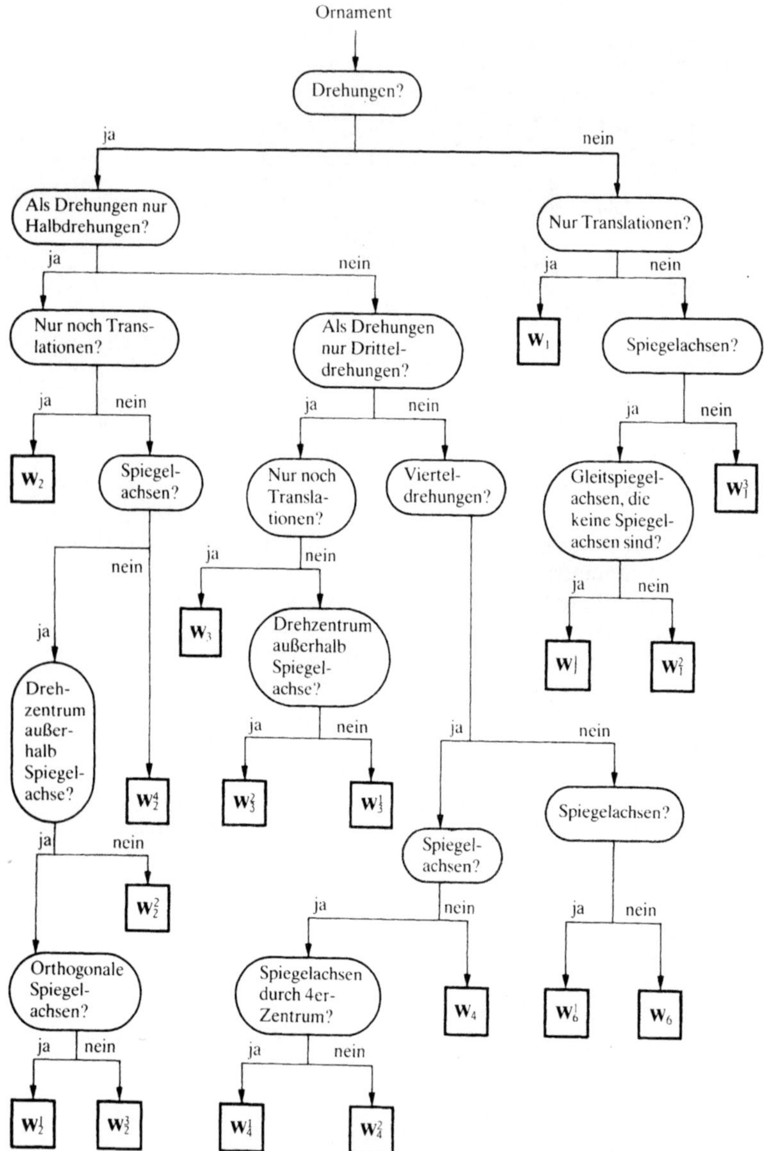
Ornament
Drehungen?
ja
nein
Als Drehungen nur Halbdrehungen?
Nur Translationen?
ja
nein
ja
nein
Nur noch Trans-lationen?
Als Drehungen nur Drittel-drehungen?
$\mathbf{W}_1$
Spiegelachsen?
ja
nein
ja
nein
ja
nein
$\mathbf{W}_2$
Spiegel-achsen?
Nur noch Transla-tionen?
Viertel-drehungen?
Gleitspiegel-achsen, die keine Spiegel-achsen sind?
$\mathbf{W}_1^3$
nein
ja
nein
ja
nein
ja
$\mathbf{W}_3$
Drehzentrum außerhalb Spiegel-achse?
Dreh-zentrum außer-halb Spiegel-achse?
$\mathbf{W}_1$
$\mathbf{W}_1^2$
ja
nein
ja
nein
$\mathbf{W}_2^4$
$\mathbf{W}_3^2$
$\mathbf{W}_3^1$
ja
nein
Spiegel-achsen?
Spiegelachsen?
ja
nein
ja
nein
$\mathbf{W}_2^2$
Orthogonale Spiegel-achsen?
Spiegelachsen durch 4er-Zentrum?
$\mathbf{W}_4$
$\mathbf{W}_6^1$
$\mathbf{W}_6$
ja
nein
ja
nein
$\mathbf{W}_2^1$
$\mathbf{W}_2^3$
$\mathbf{W}_4^1$
$\mathbf{W}_4^2$

Für die Wandmuster tragen wir nun in einer Tabelle die Kennzeichen hinsichtlich ihrer Translationsgitter (Form der Gittermasche), der Drehungen, Spiegelachsen sowie der reinen Gleitspiegelachsen zusammen:

Wand-muster-gruppe	Gitter-masche	Drehung von höchster Ordnung	Spiegelachsen	Reine Gleit-spiegel-achsen
W_1	Parallelo-gramm	–	–	–
W_1^1	Rhombus	–	alle parallel	alle parallel, die sich mit den Spiegelachsen abwechseln
W_1^2	Rechteck	–	alle parallel	–
W_1^3	Rechteck	–	–	parallel
W_2	Parallelo-gramm	Digyre	–	–
W_2^1	Rhombus	Digyre	orthogonal, nicht durch jeden Dreh-punkt	orthogonal, die sich mit den Spiegelachsen abwechseln
W_2^2	Rechteck	Digyre	orthogonal, durch jeden Drehpunkt	–
W_2^3	Rechteck	Digyre	alle parallel, durch keinen Drehpunkt	alle parallel, aber orthogonal zu den Spiegel-achsen
W_2^4	Rechteck	Digyre	–	orthogonal, durch keinen Drehpunkt
W_3	Rhombus aus gleich-seitigen Dreiecken	Trigyre	–	–
W_3^1	Rhombus aus gleich-seitigen Dreiecken	Trigyre	durch jeden Drehpunkt	parallel zu den Spiegelachsen, sich mit diesen abwechselnd
W_3^2	Rhombus aus gleich-seitigen Dreiecken	Trigyre	nicht durch jeden Dreh-punkt	parallel zu den Spiegelachsen, sich mit diesen abwechselnd

Wandmustergruppe	Gittermasche	Drehung von höchster Ordnung	Spiegelachsen	Reine Gleitspiegelachsen
W_4	Quadrat	Tetragyre	–	–
W_4^1	Quadrat	Tetragyre	durch jeden 4er-Drehpunkt	parallel zu den Quadratdiagonalen, sich mit den Spiegelachsen dieser Richtung abwechselnd
W_4^2	Quadrat	Tetragyre	durch keinen 4er-Drehpunkt	parallel zu den Quadratdiagonalen, sich mit den Spiegelachsen dieser Richtung abwechselnd
W_6	Rhombus aus gleichseitigen Dreiecken	Hexagyre	–	–
W_6^1	Rhombus aus gleichseitigen Dreiecken	Hexagyre	durch jeden 6er-Drehpunkt	parallel zu den Spiegelachsen, sich mit diesen abwechselnd

1924 wurden die 17 Typen der Wandmustergruppen wiederentdeckt. Eine briefliche Mittelung des Mathematikers GEORG POLYA an den Kristallographen PAUL NIGGLI, den Schriftleiter der „Zeitschrift für Kristallographie", kam im 60. Band dieser Zeitschrift zum Abdruck. POLYA betont darin, daß sich seines Wissens zwar verschiedene Verfasser mit regulären Punktsystemen und regulären Ebenenteilungen im Sinne der Analogie der Kristallsymmetrie in der Ebene beschäftigt hätten, jedoch zwei interessante Punkte nicht behandelt worden wären:

1. Die Einteilung der Symmetrien vom gruppentheoretischen Standpunkt.
2. Die Bedeutung dieser Symmetrien für Kunstgeschichte und Kunstgewerbe.

POLYA zählt sodann die 17 von ihm gefundenen Gruppen auf. Seinen Beweis für die Vollständigkeit der Aufzählung teilt er nicht mit, weil ihm dieser nicht genügend abgerundet erschien. Zur Erläuterung der 17 Gruppen gibt er 17 Ornamentmuster an, die wir in der nächsten Abbildung anführen.

Wir stellen die Polyasche Bezeichnung der Gruppen und die von uns befolgte Bezeichnungsweise gegenüber:

Wandmuster-gruppen	Polyasche Bezeichnungs-weise
W_1	C_1
W_2	C_2
W_3	C_3
W_4	C_4
W_6	C_6
W_1^1	$D_1 kg$
W_1^2	$D_1 kk$
W_1^3	$D_1 gg$
W_2^1	$D_2 kgkg$
W_2^2	$D_2 kkkk$
W_2^3	$D_2 kkgg$
W_2^4	$D_2 gggg$
W_3^1	D_3^*
W_3^2	D_3°
W_4^1	D_4^*
W_4^2	D_4°
W_6^1	D_6

Zu seinen Figuren bemerkt POLYA, daß die Beispiele für C_1, C_3, C_4 und $D_1 gg$ von ihm eigens erfunden wurden, die Beispiele $D_1 kg$, $D_2 kgkg$ und $D_2 gggg$ das gewöhnliche Ziegelstein-, Backstein- und Parkettgefüge illustrieren und die übrigen Figuren von überlieferten Ornamenten verschiedenen kunstgeschichtlichen Ursprungs herrühren (Abb. 68).

In demselben Band der „Zeitschrift für Kristallographie" behandelt P. NIGGLI die von G. POLYA aufgeworfene gruppentheoretische Klassifikationsfrage der Ornamentmuster in übersichtlicher Darstellung und mit einer abgeschlossenen Beweisführung, was von großem didaktischem Wert für angehende Kristallographen ist.

Wir wollen noch eine Deutung für die von POLYA gewählte Bezeichnungsweise vornehmen. Die Wandmustergruppe W ergibt als Faktorgruppe nach ihrem Translationsnormalteiler eine endliche Gruppe. Diese ist isomorph zu den zyklischen Gruppen C_n, $n = 1,2,3,4,6$, oder zu den Diedergruppen D_n, $n = 1,2,3,4,6$. Die Gruppe D_1 tritt dabei dreimal auf und die Gruppe D_2 sogar viermal.

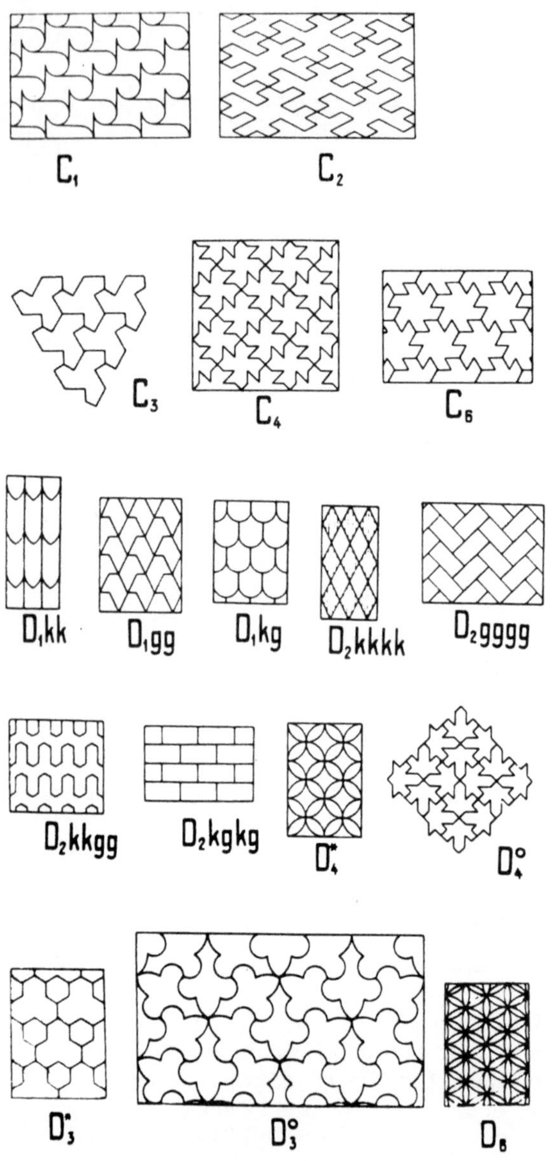

Abb. 68. Die Polyaschen Illustrationen für die 17 Ornamentmuster

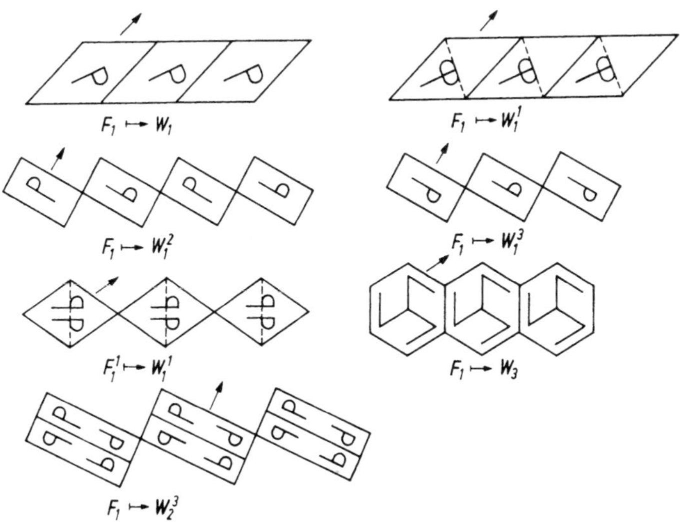

Abb. 69. Aus einem Fries vom Typ F_1 können Wandmuster des Typs W_1, W_1^1, W_1^2, W_1^3, W_2^3, W_3 entstehen (W_1^1 entsteht aber auch aus F_1^1)

Die Zusätze k und g stehen für Scharen von Klapp- und Gleitachsen.

Wir beschließen die generellen Ausführungen zu den Wandmustertypen durch einen Hinweis auf den Zusammenhang zwischen den Friestypen und den Wandmustern und analysieren noch einmal an einem maurischen Alhambra-Wandmuster die auftretenden Symmetrien (Abb. 69, 70). Aus einem Fries kann man durch Parallelverschiebung zu einem Wandmuster gelangen. Verschiedene Friestypen vermögen den gleichen Wandmustertyp hervorzubringen, und aus einem Friestyp sind unterschiedliche Wandmustertypen bildbar. Dafür geben wir einige Beispiele. Der Leser ermittle die anderen Möglichkeiten.

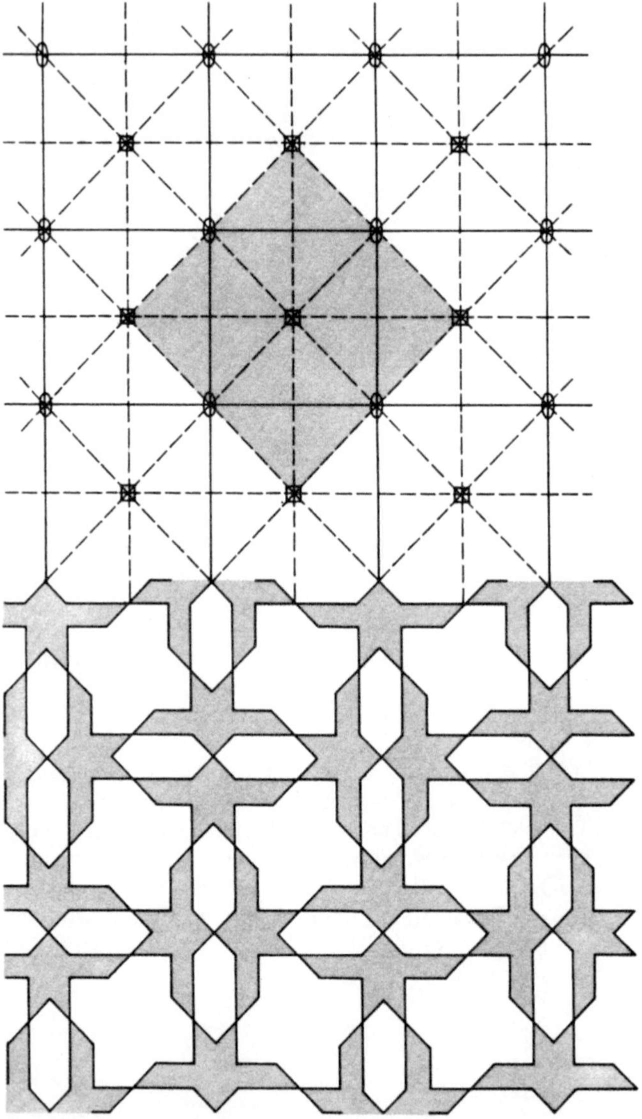

Abb. 70. Ein Alhambra-Wandmuster mit seinen Symmetrieabbildungen (es werden ein Translationsgitter sowie die Drehzentren, die Spiegelachsen und die reinen Gleitspiegelachsen gezeigt)

6.2. Reguläre und halbreguläre Mosaike und ihre Ornamentgruppen

Will man die Ebene mit kongruenten regelmäßigen n-Ecken in der Weise pflastern (parkettieren), daß nur der gleiche Bausteintyp benutzt wird und die Bausteine eckentreu zusammenstoßen, so ergibt eine Winkelbetrachtung in den Ecken des Mosaiks als einzige Möglichkeit die sogenannten drei regulären Mosaike, welche aus Dreiecken oder Quadraten oder Sechsecken aufgebaut sind (Abb. 71).

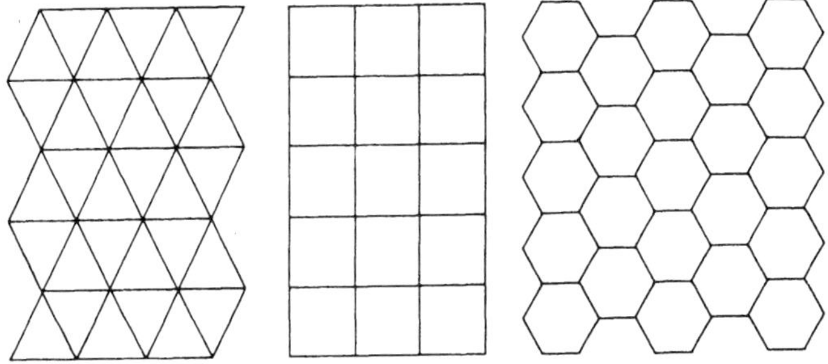

Abb. 71. Die regulären Mosaike

Die Ornamentgruppen dieser drei Wandmuster waren schon in den vorherigen Betrachtungen als die symmetriereichsten Gruppen ermittelt worden. Das Dreieckmosaik und das Sechseckmosaik besitzen beide die Symmetriegruppe $\mathbf{W}_6^1$. Das wollen wir noch einmal mit dem Entscheidungsalgorithmus über den Wandmustergruppentyp überprüfen. In beiden Mosaiken kommen Drehungen vor, nämlich 6er-Drehungen um die Ecken der Dreiecke bzw. um die Mittelpunkte der Sechsecke. Also verläuft unsere Frage-Antwort-Kette bisher folgendermaßen: Drehungen? Ja! Als Drehungen nur 2er-Drehungen? Nein! Als Drehungen nur 3er-Drehungen? Nein! 4er-Drehungen? Nein! Spiegelachsen? Ja! (Weil die Achsen längs der Dreieckseiten bzw. längs der Sechseckseiten Spiegelachsen sind.) Damit ist man bei der Gruppe $\mathbf{W}_6^1$ angelangt.

Für das Quadratmosaik erkennt man 4er-Drehungen und Spiegelachsen durch 4er-Drehzentren (4er-Drehzentren sind z. B. die Quadratecken, und die Achsen längs der Quadratseiten sind Spiegelachsen durch diese Drehzentren). Damit ist man bei der Gruppe $\mathbf{W}_4^1$ angelangt.

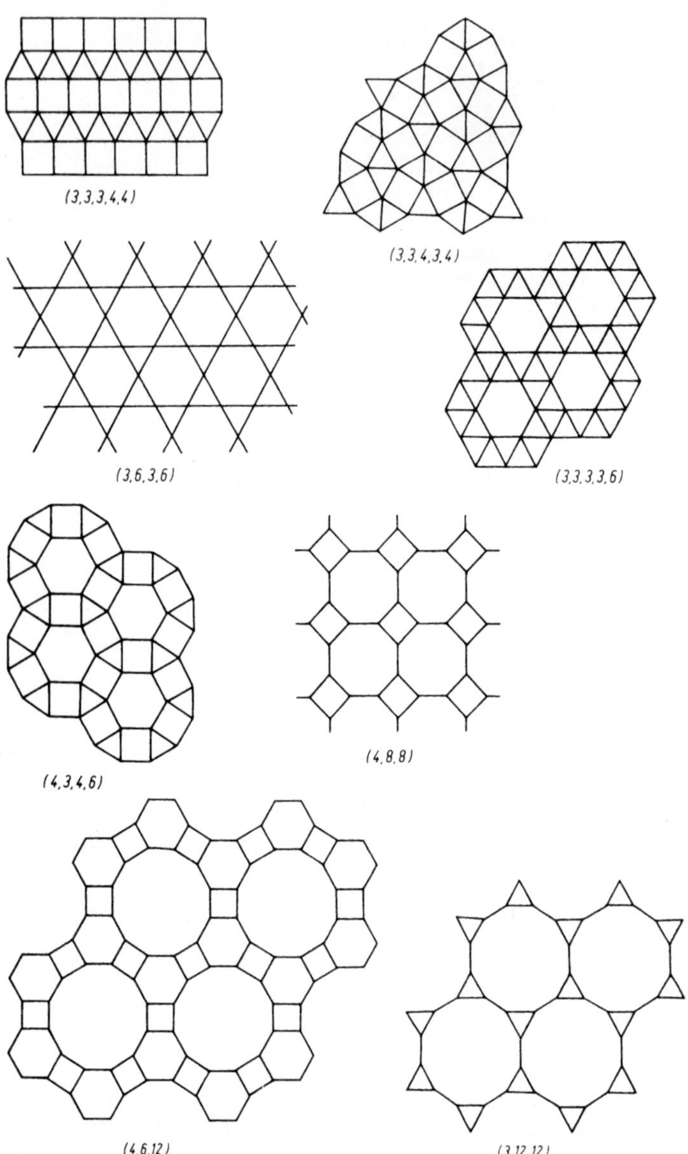

Abb. 72. Die halbregulären Mosaike mit ihren zyklisch zu lesenden Ecken-bauplänen

Wenn man zur Parkettierung der Ebene mehrere regelmäßige Bausteintypen zuläßt, dabei jedoch die Bausteine eines Typs untereinander kongruent sind, und verlangt, daß die Ecken des entstehenden Mosaiks jeweils kongruent ausfallen, also die Bausteine in jeder Ecke gleichartig zusammenstoßen, dann kommt man auf die sogenannten acht *halbregulären* oder *Archimedischen Mosaike*. Symbolisch gibt man ein solches Mosaik durch eine Aufreihung der in einem Mosaikeckpunkt zusammenstoßenden regelmäßigen n-Ecke bei einem rechtsdrehenden zyklischen Umlauf an.

Beispielsweise verdeutlicht das Mosaiksymbol (3,3,3,4,4), daß in jedem Eckpunkt drei gleichseitige Dreiecke und zwei Quadrate zusammenstoßen, wobei die Dreiecke bei einem Umlauf um eine Ecke hintereinanderfolgen und sich dann die beiden Quadrate anschließen (Abb. 72).

Nun behandeln wir die Ornamentgruppen der halbregulären Mosaike.

Das Mosaik weist als Drehungen nur 2er-Drehungen auf. Es gibt Drehzentren, die nicht auf Spiegelachsen liegen, und zwar sind dies die Drehzentren auf den Dreieckseiten. Die Spiegelachsen entsprechen den Mittellinien der Quadrate. Damit hat sich die Gruppe $\mathbf{W}_2^1$ ergeben (Abb. 73).

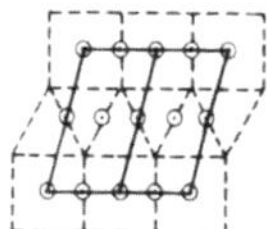

Abb. 73. Translationsgitter und Drehzentren des Mosaiks (3,3,3,4,4)

Die Mittelpunkte der Quadrate sind 4er-Drehzentren, und die Mittelpunkte der Rhomben sind Zentren von 2er-Drehungen. Spiegelachsen verlaufen längs der Diagonalen der Rhomben, aber nicht durch die 4er-Zentren. Damit hat sich die Gruppe $\mathbf{W}_4^2$ ergeben. Diese Feststellung ist besonders interessant in Verbindung mit der im vorherigen Abschnitt erwähnten Einschätzung, die A. SPEISER der Realisierung der Gruppe $\mathbf{W}_4^2$ durch ein Ornament zuerkannte (Abb. 74).

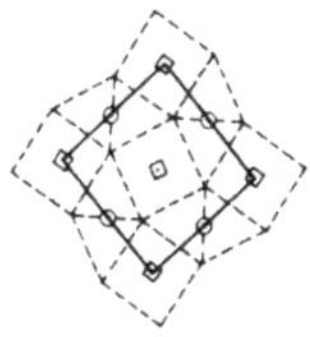

Abb. 74. Translationsgitter und Drehzentren des Mosaiks (3,3,4,3,4)

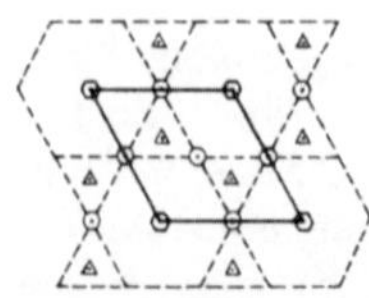

Abb. 75. Translationsgitter und Drehzentren des Mosaiks (3,6,3,6)

Das Translationsgitter ist rhombisch. Es treten 6er-Drehungen auf. Spiegelachsen gehen durch die Drehzentren (Mittellinien der Dreiecke). Damit hat sich die Gruppe W_6^1 ergeben (Abb. 75).

Das Translationsgitter ist rhombisch. Es sind 6er-Drehungen möglich. Es treten keine Spiegelachsen auf. Es handelt sich also um die Ornamentgruppe W_6 (Abb. 76).

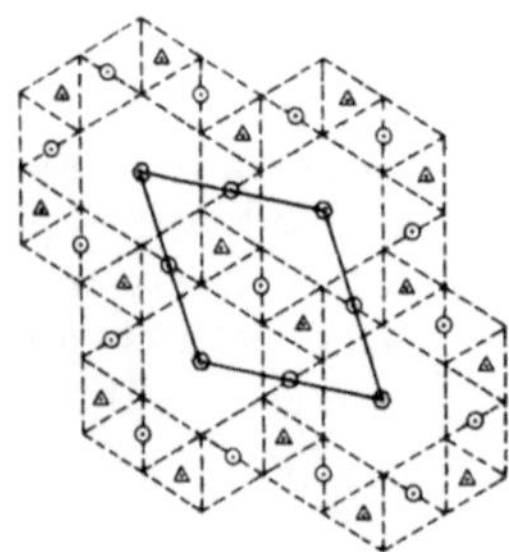

Abb. 76. Translationsgitter und Drehzentren des Mosaiks (3,3,3,3,6)

Die Mosaike (4,3,4,6), (3,12,12) und (4,6,12) besitzen jeweils die Ornamentgruppe W_6^1. Bei dem Mosaik (4,3,4,6) sind die 6er-Drehzentren die Mittelpunkte der Sechsecke, die Mittelpunkte der Dreiecke sind die 3er-Drehzentren, und die Mittelpunkte der Quadrate sind die Drehzentren der 2er-Drehungen. Für die Mosaike (3,12,12) und (4,6,12) liefern die Mittelpunkte der 12-Ecke die 6er-Drehzentren. Die 3er-Drehzentren sind einmal die Mittelpunkte der Dreiecke und das andere Mal die Mittelpunkte der Sechsecke. Die 2er-Drehzentren liegen bei (3,12,12) auf den Seiten der 12-Ecke, die nicht von Dreiecken besetzt sind. Im Falle (4,6,12) bilden die Quadratmittelpunkte die 2er-Drehzentren. Das Mosaik (4,8,8) besitzt die Ornamentgruppe W_4^1. Es hat seine 4er-Drehzentren in den Mittelpunkten der Achtecke und der Quadrate. Seine 2er-Drehzentren bilden die Mitten jener Achteckseiten, die nicht von Quadraten besetzt sind.

Alle regulären und halbregulären Mosaike sind eckentransitiv, d. h., es gibt zu je zwei Ecken des Mosaiks eine geeignete Symmetrieabbildung des Mosaiks, welche die eine Ecke in die andere überführt. Für die halbregulären Mosaike erschließt man die Transitivität zunächst zweckmäßig für zwei Ecken, die zum selben größten Polygonbaustein gehören. Dafür kommen jeweils Drehungen oder Spiegelungen in Frage. Bis auf das Mosaik (3,3,4,3,4) können nun noch je zwei größte Polygonbausteine durch eine Mosaiktranslation zur Deckung gebracht werden. Bei dem Mosaik (3,3,4,3,4) muß man Translationen eventuell noch mit Spiegelungen zusammensetzen, da es Quadrate von zwei verschiedenen Lagen gibt. Unter den halbregulären Mosaiken ist nur das Mosaik (3,6,3,6) auch kantentransitiv. Jede Kante gehört nämlich hier zu genau einem Sechseck im Mosaik. Verschiedene Kanten desselben Sechsecks sind wieder durch eine Mosaik-Drehung ineinander überführbar, und zwei verschiedene Sechsecke lassen sich durch eine Translationssymmetrie zur Deckung bringen. Bei den anderen halbregulären Mosaiken ist solch eine Schlußweise insgesamt nicht mehr anwendbar, da es Kanten unterschiedlichen Typs gibt.

Durch die Symmetrieabbildungen der Mosaike gehen die Mittelpunkte der Bausteine in Mittelpunkte kongruenter Bausteine über, und die Verbindungsstrecken der Mittelpunkte benachbarter Bausteine gehen entsprechend in die Verbindungsstrecken benachbarter Bausteine über. Als benachbart rechnet man dabei natürlicherweise nur solche Bausteine, die längs einer ganzen Kante zusammenstoßen. Verbindet man für jedes der elf betrachteten Mosaike jeweils die Mittelpunkte benachbarter Bausteine, dann entsteht eine Pflasterung der Ebene aus nicht mehr notwendig regelmäßigen Polygonen. Dieses Parkett heißt das *duale Parkett* von dem Ausgangsparkett. Nach dem notierten Transformationsverhalten der Mittelpunkte und deren Verbindungsstrecken liefert jede Symmetrieabbildung eines Mosaiks eine Symmetrieabbildung des dualen Mosaiks. Umgekehrt wird durch jede Symmetrieabbildung des dualen Mosaiks auch eine des Ausgangsmosaiks gegeben. Die zu den regulären bzw. halbregulären Mosaiken gehörenden Ornamentgruppen stimmen demzufolge mit den Ornamentgruppen der dualen Mosaike überein.

Dreieck- und Sechseckmosaik sind gegenseitig dual zueinander. Das duale Mosaik zum Quadratmosaik ist ebenfalls ein Quadratmosaik.

Die dualen Mosaike zu (3,3,3,4,4), Abb. 77, und (3,3,4,3,4), Abb. 78, haben konvexe Fünfecke als Bausteine. Die Fünfecke sind jeweils gleichschenklig. Im zweiten Falle sind sogar vier Seiten des Fünfecks gleichlang. Auch das zu (3,3,3,3,6) duale Mosaik hat ein kon-

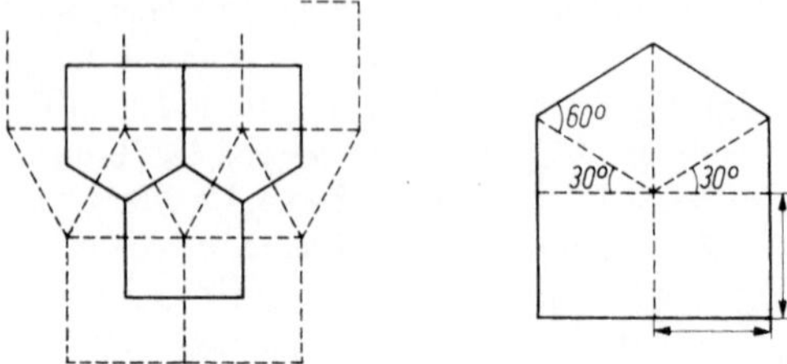

Abb. 77. Baustein des dualen Mosaiks zu (3,3,3,4,4)

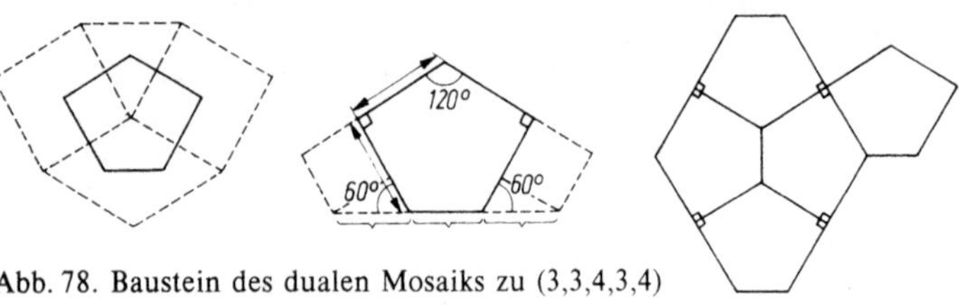

Abb. 78. Baustein des dualen Mosaiks zu (3,3,4,3,4)

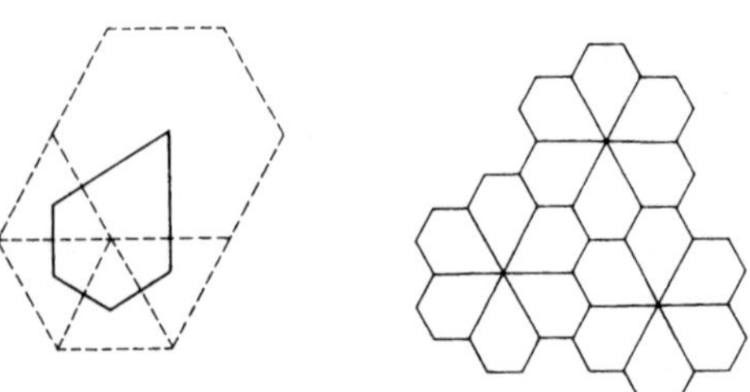

Abb. 79. Baustein des zu (3,3,3,3,6) dualen Mosaiks

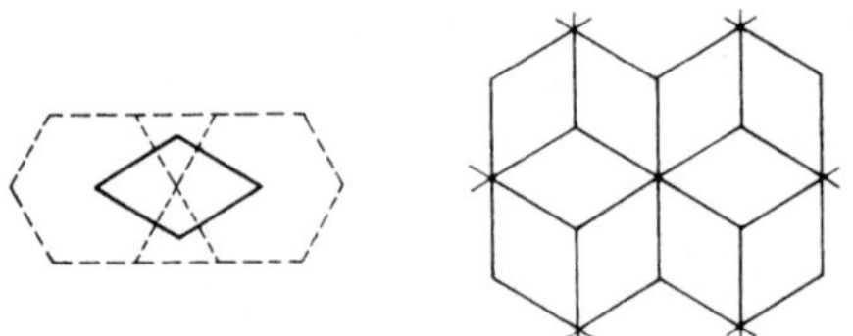

Abb. 80. Baustein des zu (3,6,3,6) dualen Mosaiks

vexes Fünfeck als Baustein. Hier sind jetzt zwei bzw. drei Seiten gleichlang (Abb. 79).

Die beiden Mosaike (3,6,3,6) und (4,3,4,6) besitzen duale Mosaike mit Vierecken als Bausteinen. Im ersten Mosaik ist das Viereck hierbei ein Rhombus aus zwei gleichseitigen Dreiecken (Abb. 80).

Im zweiten Mosaik bedeutet der duale Baustein ein Drachenviereck, das aus den Halbierungsdreiecken eines gleichseitigen Dreiecks zusammengesetzt ist (Abb. 81).

Die drei restlichen halbregulären Mosaike haben duale Mosaike, die aus Dreiecken aufgebaut sind. Das sieht wie folgt aus (Abb. 82).

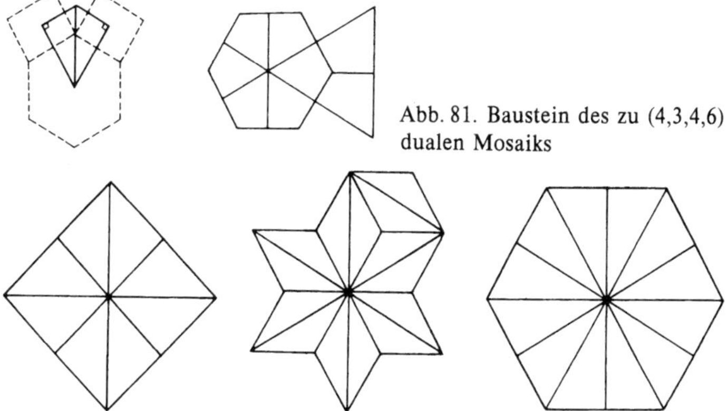

Abb. 81. Baustein des zu (4,3,4,6) dualen Mosaiks

Abb. 82. Die dualen Mosaike zu (4,8,8), (3,12,12) und (4,6,12)

6.3. M. C. Escher und regelmäßige Flächenaufteilungen

Der holländische Graphiker MAURITS CORNELIS ESCHER wurde 1898 in Leeuwarden geboren und starb im Alter von 74 Jahren in Hilversum. Nach den Ausführungen des Mathematikdozenten BRUNO ERNST, einem engen Freund ESCHERS, kann man sein künstlerisches Schaffen in zwei Perioden einteilen: Der junge ESCHER – etwa bis 1936 – beschäftigt sich im wesentlichen mit Landschaftsdarstellungen. Aber in den Jahren nach 1936 sind seine Graphiken stark mit mathematischen Ideen verbunden. Neben seinen bekannten Bildern über das „Unmögliche" nehmen die regelmäßigen Flächenaufteilungen (Ornamente, Tapetenmuster) bei ihm einen großen Raum ein. Seinen Graphiken gab er Namen wie „Puzzle mit identischen Stücken" oder „Gehirngymnastik", und diesen Teil seines Schaffens wollen wir hier ein wenig näher beleuchten.

Bereits 1891 gelang dem russischen Kristallographen E. S. Fedorov der Nachweis, daß vom Standpunkt der Symmetrie aus genau 17 verschiedene ebene Ornamente existieren (dabei sind die 7 Friese nicht mitgezählt). Der mathematische Nachweis von genau 17 verschiedenen Typen solcher Tapetenmuster ist sicher eine nicht unwesentliche Erkenntnis. Dem interessierten Betrachter stellt sich aber dabei sofort die Frage nach der Realisierung dieser 17 Arten in unserer Umwelt. Wie bei den Friesen, so findet man die eine oder andere regelmäßige Flächenaufteilung schon in einem recht frühen Stadium der Menschheitsentwicklung. Über die Darstellung aller 17 Typen gibt es in der Literatur durchaus unterschiedliche Meinungen, teilweise sogar bei ein und demselben Autor. In seinem Buch „Generators and relations for discrete groups" (1957) schreibt der bekannte kanadische Mathematiker H. S. M. Coxeter: „All 17 of them were discovered empirically by the Moors in their decoration of the Alhambra in Granada; many of them also by the ancient Egyptains and the Chinese." In Coxeters Buch „The mathematical gardner" (1981) können wir hingegen lesen, daß 11 dieser 17 verschiedenen Tapetenmuster bereits bei den Mauren in der Alhambra in Granada zu finden sind. Neben diesen 11 fand man weitere 5 in Baku und Benin (Afrika). Der letzte der 17 Typen wurde schließlich in China entdeckt. Es handelt sich dabei um den Typ W_3^1 (siehe dazu Abschnitt 6.1. über Wandmuster; eine Darstellung dieses Ornamentes findet sich in [4, S.40, Fig.35]). In der Dissertation von E. Müller „Gruppentheoretische und strukturanalytische Untersuchungen der Maurischen Ornamente aus der Alhambra in Granada" (1944) kann man auf Seite 66 nachlesen, daß keine Beispiele für Symmetriegruppen wie die der reinen Symmetrieebenen oder der reinen Digyrengruppe in der Alhambra in Granada zu finden sind. Letztere sollen sich jedoch leicht durch Umfärben anderer Mosaike der Alhambra erzeugen lassen.

Die Alhambra in Granada, im 13./14.Jh. von den Mauren errichtet, nimmt wegen ihrer großzügigen ornamentalen Verzierungen einen zentralen Platz bei der Suche nach verschiedenen regelmäßigen Flächenaufteilungen ein. Auch für M.C.Escher, der die Alhambra 1922 und 1936 besuchte, waren die Studien der hier vorhandenen Ornamente von nachhaltigem Eindruck und großer Bedeutung für sein späteres Werk „Regelmatige vlakverdeling" (1958).

Schon bei seinem ersten Besuch wurden Eschers Erwartungen von der Fülle der vorgefundenen Ornamente weit übertroffen. In seinem Tagebuch schreibt er unter anderem darüber: „Das merkwürdige für mich war der große Reichtum der Ornamentik (Basrelief in

Abb. 83. Mosaik vom Typ $\mathbf{W}_2^2$ aus der Alhambra

Stuck) und die große Würde und einfache Schönheit des Ganzen. Diese Araber waren Aristokraten, wie es sie heutzutage nicht mehr gibt ... Das sonderbare der maurischen Ornamentik ist die absolute Abwesenheit irgendwelcher menschlicher und tierischer, ja fast sogar irgendwelcher vegetativer Formen. Dies kann zu gleicher Zeit ein Vorbild und eine Schwäche sein" [9, S. 24]. Von einem Ornament (Abb. 83) fertigte er sich eine Skizze an: „wegen der ungeheuren Komplexität und wegen des mathematischen Kunstsinns" [9, S. 24].

An das Fehlen lebender Formen in den maurischen Mustern, das sich teilweise auch durch religiöse Einflüsse erklären läßt, fühlt sich ESCHER in seinen späteren Graphiken nicht mehr gebunden.

Seinem ersten Aufenthalt in Granada folgt 1936 ein zweiter, der dem systematischen Studium der Ornamente in der Alhambra gewidmet ist. Er fertigte viele Skizzen von diesen Ornamenten an und analysierte sie hinsichtlich ihrer Symmetrieeigenschaften. Nach der zweiten Reise wendete sich ESCHER dann intensiv der

Abb. 84. ESCHERS Buddhas

Konstruktion regelmäßiger Flächenaufteilungen zu. Im Oktober 1936 entsteht eines seiner ersten Ornamente in dieser Richtung. Es ist vom Typ $\mathbf{W}_4^2$.

Betrachten wir Abb. 84, dann wird uns so recht die Bezeichnung „Puzzle mit identischen Stücken" deutlich. Bei der Erstellung eines solchen Musters besteht eine wesentliche Aufgabe in der Konstruktion eines „Puzzlesteins". In Abb. 84 ist dies ein Buddha. Hierbei ist eine gründliche Analyse der zugrundeliegenden Symmetrien unumgänglich.

In der Einleitung zu seinem Buch „Grafick en tekeningen" (1959) schreibt ESCHER über seine Arbeit an den regelmäßigen Flächenaufteilungen: „Die Ideen, die ihnen zugrunde liegen, bezeugen meist meine Verwunderung und meine Bewunderung für Gesetzmäßigkeiten, die der Raum um uns enthält. Wer sich wundert, vergegenwärtigt sich des Wunders. Dadurch, daß ich mich sinnlich aufschließe für die Rätsel, die uns umringen, und meine Empfindungen überdenke und analysiere, komme ich in die Nähe der Mathematik. Obwohl exakt-wissenschaftliches Training mir gänzlich fehlt, fühle ich mich öfters mehr mit Mathematikern als mit meinen eigenen Berufsgenossen verwandt" [9, S. 55].

Eine Beschreibung seiner Ideen zur Konstruktion eines Puzzlesteines und des zugehörigen Ornaments gibt uns ESCHER in dem schon erwähnten Werk „Regelmatige vlakverdeling". Wir wollen nun an graphischen Beispielen einige seiner Ideen erläutern.

ESCHER beginnt mit der Erkenntnis, daß unter den konvexen regelmäßigen Vielecken nur das Quadrat, das Rechteck, das Parallelogramm, das Dreieck und das Sechseck als mögliche Puzzlesteine auftreten dürfen. Systematisches Aufeinanderlegen eines solchen Puzzlesteines liefert ein Gitter, eine regelmäßige Flächenaufteilung (siehe dazu Abschnitt 6.1. über Wandmuster). Aus einem solchen eintönigen Gitter wird durch Änderung an dem ursprünglichen n-Eck eine ansprechendere regelmäßige Flächenaufteilung konstruiert. Die Änderung erfolgt auf zwei Arten. Zum einen werden Teile des n-Ecks gelöscht und an entsprechenden Stellen wieder angetragen, zum anderen wird die Figur ausgemalt. Dabei entsteht die Frage, an welcher Stelle die gelöschten Teile wieder anzufügen sind. Die Antwort wird durch die Symmetrien gegeben, welche die zu konstruierende Flächenaufteilung besitzen soll. Diese Symmetrien bilden eine Untergruppe der Symmetrien des Gitters.

Geht man beispielsweise vom Quadrat aus und soll das entstehende Ornament nur Translationen als Symmetrien enthalten, so kann man das Quadrat etwa wie folgt umformen (Abb. 85):

Abb. 85. Das Quadrat wird zum Wanderer

Aus dem Quadratgitter erhält man dann (Abb. 86):

Abb. 86. Regelmäßige Flächenaufteilung durch Wanderer

Mit dieser Methode analysieren wir die Eschergraphiken: Buddhas (1936), Reptilien (1943) und Reiter (1946). Die Buddhas sind vom Typ $\mathbf{W}_4^2$. Das Gitter ist ein quadratisches Gitter (Abb. 87). Zur Konstruktion des Puzzlesteines benutzt ESCHER eines der klei-

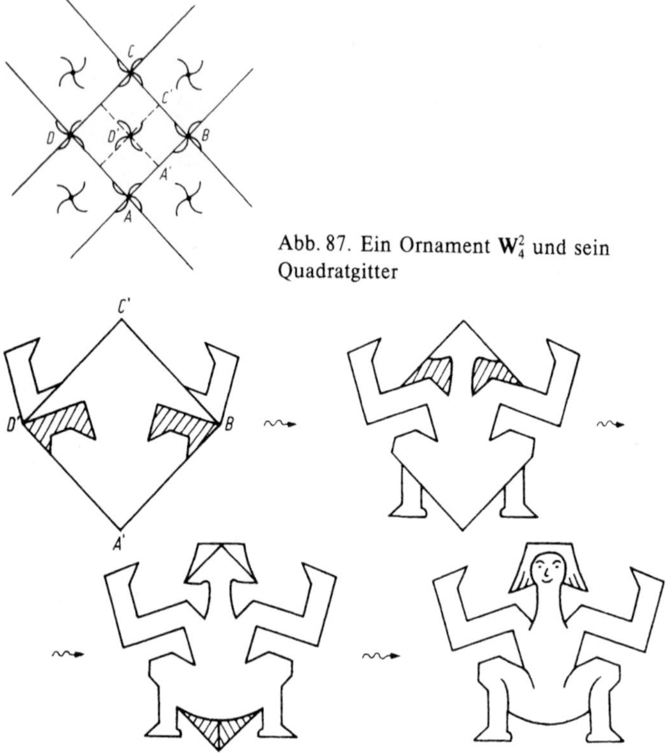

Abb. 87. Ein Ornament $\mathbf{W}_4^2$ und sein Quadratgitter

Abb. 88. Konstruktion eines Buddhas aus einem Quadrat

nen vier Teilquadrate des Quadrates *ABCD*. Das Ornament besitzt in den Punkten *B* und *D'* Tetragyren, in *A'* und *C'* Digyren. Die Gerade durch *A'*, *C'* ist eine Spiegelachse und durch *B*, *D'* eine Gleitspiegelachse. Unter Beachtung dieser Symmetriebedingungen zeichnet ESCHER aus dem kleinen Quadrat *A'*, *B*, *C'*, *D'* den Buddha (Abb. 88).

Die Reptilien (Abb. 89) sind vom Typ $\mathbf{W}_3$.

Das zugehörige Translationsgitter ist ein Parallelogrammgitter, welches außer den Translationen nur Trigyren besitzt (siehe Abschnitt 6.1. über Wandmuster). Die gleiche regelmäßige Flächenaufteilung läßt sich aus einem regulären Sechseck erzeugen, wenn man beachtet, daß sich an jeder zweiten Ecke des Sechsecks eine Trigyre befinden muß und sonst keine Symmetrien existieren. Aus dem regu-

Abb. 89. Regelmäßige Flächenaufteilung durch Reptilien

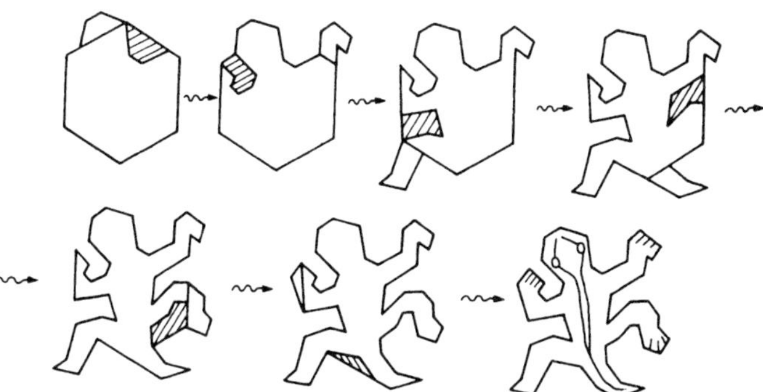

Abb. 90. Entstehung des Reptils aus einem regulären Sechseck

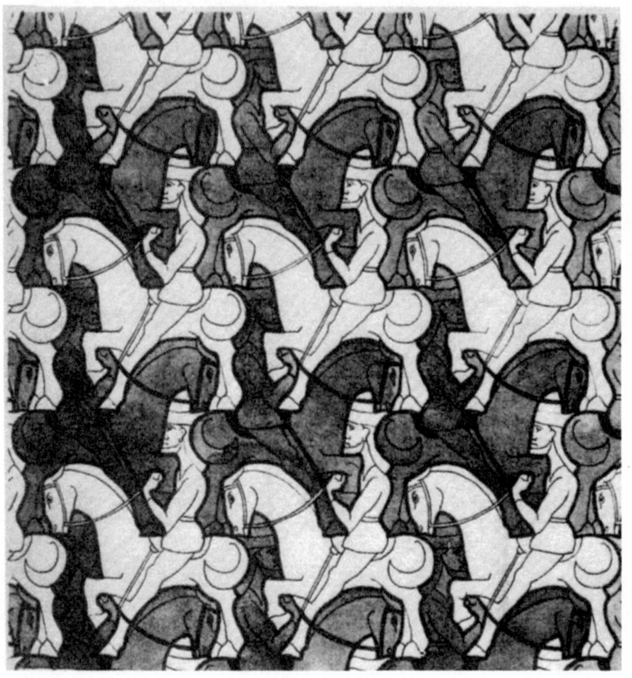

Abb. 91. Regelmäßige Flächenaufteilung durch Reiter

lären Sechseck konstruierte ESCHER unter Beachtung der angegebenen Symmetriebedingungen seinen Puzzlestein: das Reptil
(Abb. 90).
Das Reiterornament (Abb. 91) ist vom Typ W_1^3.
Hierbei treten neben den Translationen nur noch Gleitspiegelungen auf. Das Translationsgitter ist ein Rechteckgitter. Die Gleitspiegelachsen verlaufen parallel zu der einen Schar der Rechteck-
seiten, und ihre Entfernung ist halb so groß wie die elementare
Translationslänge senkrecht zu den Gleitspiegelachsen. Der Translationsanteil bei der Gleitspiegelung ist gleich der Hälfte der zu ihr
parallelen Translation. Als Startobjekt für einen Puzzlestein dient
ein halbes Rechteck des Translationsgitters (Abb. 92).
Abb. 93 zeigt noch einige regelmäßige Flächenaufteilungen von
ESCHER. Die Symmetriebetrachtungen und die Entwicklung eines
Puzzlesteins überlassen wir hier dem Leser.

Abb. 92. Entstehung des Reiters aus einem Rechteck

Wir wollen diesen Abschnitt mit einem Zitat aus „Regelmatige vlakverdeling" beenden, das in treffender Weise M. C. Eschers Einstellung zu den regelmäßigen Flächenaufteilungen charakterisiert:

„Mathematisch gesehen ist die regelmäßige Aufteilung der Fläche stark theoretisch durchdacht, ... Muß man deshalb sagen, sie gehört ausschließlich zur Mathematik? Meiner Meinung nach nicht ... Und um weiterhin in Bildern zu sprechen: Es ist schon lange her, daß ich auf einer Wanderung zufälliger Weise in die Nähe jenes Gebietes gelangte. Ich sah eine hohe Mauer, und weil ich etwas Rätselhaftes ahnte, etwas Verborgenes, das möglicherweise dahinterstecken könnte, kletterte ich mit großer Mühe über jene Mauer. Auf der anderen Seite geriet ich jedoch in eine Wildnis, durch die ich mir mit größter Anstrengung einen Weg zu bahnen hatte, bis ich, auf Umwegen, an das offene Tor gelangte, an das offenstehende ,mathematische' Tor. Von dort führten gutgebahnte Pfade in alle Richtungen, so daß ich dort hin und wieder verweile. Manchmal meine ich, das ganze Gebiet durchkreuzt zu haben, alle Pfade betreten und alle Fernsichten bewundert zu haben. Dann finde ich auf einmal wieder einen neuen Weg und genieße ihn mit neuem Entzücken" [9, S. 156].

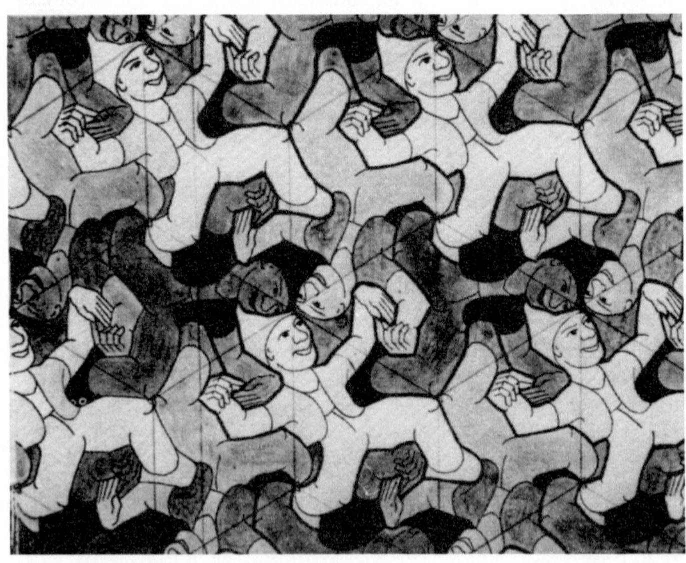

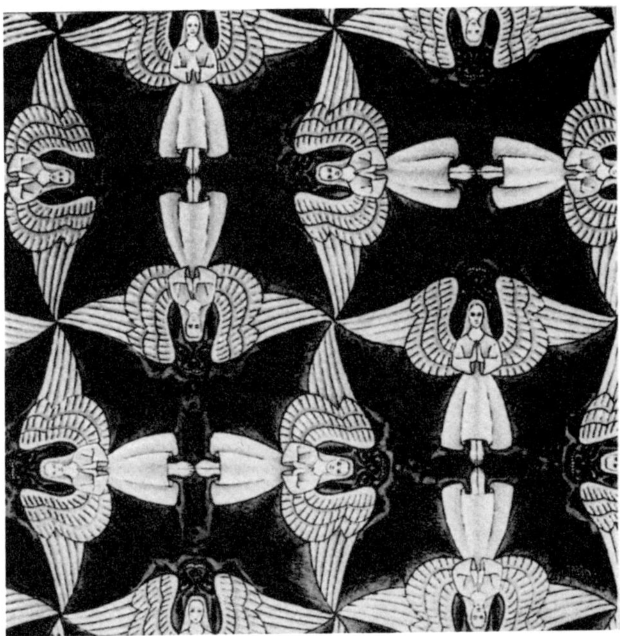

Abb. 93. Drei regelmäßige Flächenaufteilungen durch Eichhörnchen, Zwerge, Engel und Dämon

6.4. Künstlerische Beispiele zu den Flächenornamenten

Es ist wohl als sicher anzusehen, daß aus Streifenornamenten Ornamente für ganze Flächen entwickelt wurden. Alle jeweils als bearbeitbar erkannten und für die Herstellung von unterschiedlichen Gegenständen benutzten Materialien wurden damit geschmückt: Holz, Metall, Stein, Leder, Stoff, Pflanzenfasern wurden be- und verarbeitet. Die Abb. 94a zeigt einen hölzernen Deckel, der aus Nigeria stammt. Es handelt sich hierbei um ein über die ganze Fläche gezogenes Flechtband. Folgt man dem Weg des Bandes von einem Eckpunkt aus, so gelangt man zu dem darüber- bzw. dem darunterliegenden Eckpunkt. Pflastert man die Ebene mit dieser Elementarzelle, dann entsteht ein Flächenornament mit der Wandmuster-

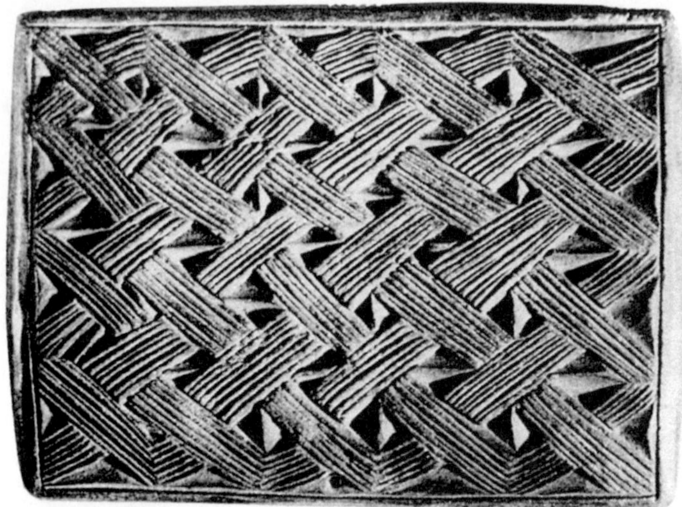

Abb. 94. a) Flächenornament auf einem Holzdeckel aus Nigeria

Abb. 94. b) Brüstungsfeld am Gildehaus „Zur Rose" in Quedlinburg

gruppe W_1, wie sich unter Anwendung des Bestimmungsalgorith-
mus von 6.1. ergibt.

An Fachwerkhäusern findet man eine große Vielfalt von Brüstungs-
feldern, die sehr unterschiedlich gestaltet sein können. Ein einfa-
ches zeigt die Abb. 94b. Dieses Brüstungsfeld als quadratische Elementarzelle betrachtet, ergibt ein Beispiel für die Wandmustergruppe W_4^1.

Die geflochtene Matte der Abb. 94c ist ein Gebrauchsgegenstand:
sie diente als Speisematte, als Sitzmatte oder als Schürze. Das

Abb. 94. c) Aus Blattstreifen
geflochtene Matte von den
Marshall-Inseln

Streifenornament der angesetzten Borte besteht aus anderem Material, ist aber auch geflochten. Neben der Translation sind die Vierteldrehungen um die Quadratmitte sofort ablesbar. Es liegt also die Wandmustergrupppe W_4 vor, wenn man mit dieser Matte durch fortlaufende Wiederholung die ganze Ebene ausfüllt.
Die Gittermasche des Parkettfußbodens in der neuen Abtei des Quedlinburger Schlosses (Abb. 95a) ist ein Quadrat. Bei der Bestimmung der Wandmustergruppe ist die unterschiedliche Maserung zu beachten; es liegt also eine schachbrettartig gestaltete Fläche vor. Es können Halbdrehungen, Spiegelungen an der Symmetrieachse und Translationen ausgeführt werden; die Drehzentren liegen nicht sämtlich auf den Spiegelachsen, so daß sich die Gruppe W_2^1 ergibt.
Weitere eindrucksvoll gestaltete Parkettfußböden zeigen die Abb. 95b und 95c. Bei Abb. 95b ist zu unterscheiden zwischen der Innenrosette, der Außenfläche und dem zwischen beiden gelegenen Kreisring. Die Innenrosette, deren Schmuckelemente eine Asymmetrie aufweisen, gestattet die Deckoperationen der C_{12}, während Spiegelungen nicht möglich sind. Die 30 Schmuckelemente des Innenkreises sind ebenfalls asymmetrisch gestaltet; bezogen auf den Innenkreis werden nur die Deckoperationen der C_{30} möglich. Auf die Außenfläche darf man die Operationen der C_{60} anwenden. (Die C_{30}, C_{20}, C_{15}, C_{12}, C_{10}, C_6, C_5, C_4, C_3, C_2 sind Untergruppen.) Spiegelungsmöglichkeiten ergeben sich an den 60 durch den Mittelpunkt gehenden Diagonalen der Vierecke und an den 60 durch den Mittelpunkt gehenden Mittellinien der Achtecke. Alles in allem treten Elemente der Ordnungen 1, 2, 3, 4, 5, 6, 10, 12, 15,

Abb. 95. a) Parkett in der Neuen Abtei des Schlosses in Quedlinburg

Abb. 95. b) Parkett im Wohngemach der Neuen Abtei des Schlosses in Quedlinburg

Abb. 95. c) Parkett im Schlafgemach der Neuen Abtei des Schlosses in Quedlinburg

20, 30, 60 auf. – Betrachtet man das Parkett insgesamt, dann wird
es lediglich durch die Operationen der C_{12} in sich überführt.
Von bemerkenswerter plastischer Wirkung ist das in Abb. 95c ge-
zeigte Parkett. Dieser Effekt wird durch die Unterteilung der Sechsecke in drei Rhomben hervorgerufen, die sich durch den unterschiedlichen Faserverlauf des Holzes ergibt. Symmetrieachsen sind
nicht vorhanden, so daß nur Translationen und Drehungen ausgeführt werden können, und daher ist W_1 die in Frage kommende
Wandmustergruppe.
Grabplatten des Klosters Gegard (oder Airiwankh) aus der Umge-
bung von Jerewan zeigt die Abb. 96a (Abb. 96, 97, 98 befinden sich
im Bildteil). Diese aus dem Mittelalter stammenden Platten enthalten eine interessante Gestaltung der Ornamente, wobei als Symmetrieoperationen nur Translationen zugelassen sind.
Die Abb. 96b zeigt ein Flächenornament an der Zitadelle der ein-
stigen urartäischen Stadt Erebuni (gegründet 782 v. u. Z.), dem heu-
tigen Jerewan. Dieses Ornament könnte man auch in fünf Streifenornamente zerlegen. Aber vermutlich geht es hier doch um die
Gestaltung einer Fläche, zumindest läßt die Gittermasche dies ver-
muten. Als Symmetrieoperationen kommen nur Translationen in
Frage, also ist W_1 die zugehörige Wandmustergruppe.
In den nachfolgenden Abbildungen werden ausschließlich Ge-
bauchsgegenstände vorgestellt. Sicher waren sie zum großen Teil
nicht für die tägliche Nutzung gedacht, denn zu ihrer Herstellung
ist von der Materialgewinnung über die Materialbearbeitung bis
zur eigentlichen Anfertigung ein beträchtlicher Aufwand erforder-
lich gewesen. Alle gezeigten Gegenstände zeichnen sich dadurch
aus, daß sowohl Flächen als auch begrenzende Streifen gestaltet
wurden und oftmals verschiedene Auffassungen bzw. Interpretatio-
nen möglich sind.
Zunächst zeigt Abb. 97a einen aus Pflanzenfasern geflochtenen
Korb mit Deckel. Die Befestigung des Deckels trägt ein Streifenornament, das die Operationen der F_1^1 gestattet. Die Flächenornamente von Deckel und Korb sind unterschiedlich gestaltet; ein
mögliches Unterscheidungsmerkmal ergibt sich aus der farblichen
Durchbildung. Einige Stickfehler sind auch zu bemerken, daher
wollen wir die durch die Perlenmuster entstehende Schraffierung
nicht näher untersuchen. Auf Grund der Asymmetrie der Gittermasche ergibt sich stets die Wandmustergruppe W_1, und zwar unabhängig davon ob man ohne Berücksichtigung der farblichen Gestaltung ein Rechteck als Gittermasche oder mit Berücksichtigung der
farblichen Gestaltung zwei benachbarte Rechtecke als Gitterma-

sche wählt. Auf Abb. 97b ist eine Satteldecke abgebildet. Das Flechtmuster ist vorgetäuscht durch aneinandergenähte weiße, braune und schwarze Fellstreifen. Auch hier könnte man einzelne Streifenornamente betrachten, die Wirkung beruht jedoch auf der gestalteten Gesamtfläche. Die Decke insgesamt ist nicht symmetrisch gestaltet, was vielleicht beabsichtigt war. Betrachtet man sie als symmetrischen Fundamentalbereich eines F_1-Flächenmusters, dann ergibt sich die Gruppe W_1^2.

Der aus Fasern von Palmblättern gewebte Stoff (Abb. 98a) diente sowohl zu Bekleidungs- als auch zu Dekorationszwecken.

Von einigen kleinen Verschiebungen im Schwarz-Gelb-Muster und der unterschiedlichen Anzahl von Parallelstreifen in einigen Quadratfeldern sei abgesehen. Die übersichtliche Gliederung des Ornaments läßt verschiedene Vorgehensweisen zu. Zweckmäßigerweise werden vier symmetrisch zueinander liegende Felder herausgegriffen einschließlich der linken und unteren Kante. Dann ist die Gittermasche quadratisch und W_2 die Wandmustergruppe. Bei der Matte der Abb. 98b, die aus Bananenblattstreifen gewebt ist, sind die Ornamente (schwarz und rot) aufgestickt. Unsere Abbildung zeigt nur ein Teilstück; die Matte ist um ein Mehrfaches länger, die Ornamente wiederholen sich, und sie sind vermutlich bewußt asymmetrisch gestaltet. Auf Grund der Struktur dieser Elementarzelle kommen nur Translationen als Symmetrieoperationen in Frage.

Der Kissenbezug der Abb. 98c ist aus Leder gearbeitet, und auf der Oberseite wurde ein rotbrauner Stoff aufgenäht. Die Ornamente bestehen aus bunten Stoffstreifen, aus grünen Lederstücken und aus Stickereien mit bunten Fäden. Dabei ist eine bemerkenswerte Gestaltung der Gesamtfläche erreicht worden. Es sind vier gleiche Quadrate in den Ecken und zweimal je zwei gleiche Quadrate in den beiden Mittelstreifen enthalten sowie je zwei Paar unterschiedlich gestalteter Spiralelemente. Für das Elementenquadrupel oder für die anderen genannten Elementenpaare kann man getrennte Symmetriebetrachtungen durchführen. Wenn man hier von den geringfügigen Unsymmetrien in den beiden Spiralfeldern absieht, entsteht durch Translation des Elementarbereiches ein Wandmuster der Gruppe W_2.

Auch auf verschiedenen Abbildungen in Abschnitt 5.2. sind Flächenornamente erkennbar, bzw. man kann die dargestellten Elemente als Flächenornamente auffassen. Das gilt z. B. für die Abb. 51b und 54d.

7. Ornamente und Computergrafik

Die oft aufwendige zeichnerische Realisierung von Ornamenten kann heutzutage der Computer erleichtern, denn in den letzten Jahren sind die technischen Möglichkeiten der Informationsverarbeitung sprunghaft weiterentwickelt worden. Besonders durch neuartige periphere Geräte wie Plotter und Grafikbildschirm ist die Herstellung von technischen Zeichnungen und Designentwürfen durch Computer möglich. Allgemeiner darf man sagen, daß inzwischen die Voraussetzungen bestehen, umfangreiche grafische Strukturen durch Einsatz der Rechentechnik zu erzeugen. Damit entstand die Computergrafik, in der jetzt die folgenden vier Teilgebiete unterschieden werden:
1. Designs der Architektur und Textilindustrie.
2. Graphische Modellierung von Bewegungsabläufen.
3. Entwurfsplanung für industrielle Formgebung.
4. Computer-Kunst.
Was die letzte Richtung angeht, so fand die erste große internationale Computer-Kunst-Ausstellung schon 1968 in London statt. Zahlreiche Monographien zur Computergrafik sind bisher erschienen. Wir verweisen beispielsweise auf die Werke von J. DEKEN [3], H. W. FRANKE [5], N. MAGNENAT-THALMANN/D. THALMANN [10], [11] und wollen nun noch einige Beispiele für computer-erzeugte Ornamente anführen (dazu wurden die Rechner AC 7100 und KC 85/3 benutzt; die Programme sind in den Sprachen Turbo Pascal und Basic geschrieben). Die Beispiele verlangen jedoch keinen speziellen Rechner, und sie sind auch nicht an die genannten Programmiersprachen gebunden. Ohne Schwierigkeiten kann man sie mit jedem anderen grafikfähigen Computer herstellen (Abb. 99).
Der äußerst vielseitige Physiko-Chemier WILHELM OSTWALD (1853–1932) befaßte sich in Parallelarbeit zu einer von ihm entwickelten Farbenlehre mit dem Aufbau einer Formenlehre. Dazu erschienen von ihm 1922 in Leipzig sein Buch mit dem Titel „Die Harmonie der Formen" sowie das Werk „Die Welt der Formen. Entwicklung und Ordnung der gesetzlich-schönen Gebilde" mit den Mappen 1 und 2 (1923 und 1925 schließen sich die Mappen 3 und 4 an). OSTWALD formulierte die allgemeine Aufgabe, die regelmäßigsten gesetzmäßigen Formen in der Ebene aufzuspüren und

Abb. 99. Aus einer Elementarfigur sind durch Translationen, Drehungen und Spiegelungen Bandornamente entstanden, deren Symmetriegruppen die möglichen 7 Typen repräsentieren

Abb. 100. Computer-erzeugte Ostwaldsche Grundmuster, die folgende Namen tragen: Nelke, Brillant, kleiner überschobener Dreispitz und laufendes Dreieck

Abb. 101. Drei auf einem Computerbildschirm generierte Fraktale, die hier als Rosettenbeispiele dienen

vorzuführen. Als Startpunkt wählt er die drei regulären Unterteilungen der Ebene, das Dreieck-, Quadrat- und Sechsecknetz, und betrachtet die Knotenpunkte dieser Netze. Vergrößert man die Seitenlänge auf das Doppelte, so erhält man die Knotenpunkte 2. Ordnung etc. Dann wird folgendes Kompositionsverfahren angewendet: Als „Themalinie" wählt OSTWALD eine Verbindungsstrecke von zwei Knotenpunkten. Die Kompositionsregeln bestehen in Anwendung der sämtlichen Spiegelungen bzw. der sämtlichen Drehungen, die die zugrundeliegende Unterteilung invariant lassen. Diese Spiegelungen variieren die Themalinie und die Spiegelvariationen der Themalinie etc. Es entsteht ein Ostwaldscher „Spiegeling". Entsprechendes läuft mit den Drehungen ab. Es ergibt sich ein Ostwaldscher „Drehling". Auf diese Weise kann man die 240 von OSTWALD publizierten Grundmuster erhalten; er fertigte selber mit Bienenfleiß die zeichnerische Ausführung aller dieser Muster an. Heutzutage ist die mühevolle zeichnerische Handarbeit, der sich OSTWALD für die Herstellung seiner Grundmuster zum Zwecke des gewerblichen Gebrauchs in der Tapeten- und Textilfertigung unterzog, überhaupt nicht mehr nötig. Das läßt sich bequem mittels Computer erreichen. Als Ornamentgruppen treten nur die Typen W_4, W_4^1, W_6 und W_6^1 auf (Abb. 100).

Mit dem abschließenden Beispiel für computer-erzeugte Rosettenornamente (Abb. 101) sei noch ein Blick auf die in stürmischer Erforschung befindlichen neuartigen geometrisch-bizarren Gebilde – die sogenannten Fraktale – geworfen. Für deren Untersuchung sind Computer ein wichtiges Forschungsinstrument.

Seit Jahrtausenden sind Ornamente auf Gebrauchs- und Schmuckgegenständen, an Sakral- und Profanbauten nachweisbar. In allen Kulturkreisen sind sie in unterschiedlicher Gestaltung und Ausführung vorhanden, jeweils in Abhängigkeit von den natürlichen Gegebenheiten der Umwelt. Sie wieder zu entdecken, sie zugänglich zu machen und rationell zu erfassen, zugleich aber auch den Ideenreichtum ihrer Schöpfer zu bewundern und daran Freude zu haben, dazu soll unser Buch auch anregen.

Literatur

[1] BELKNER, H.: Metrische Räume. Leipzig 1972.

[2] COXETER, H. S. M.; MOSER, W. O. J.: Generators and relations for discrete groups. Berlin–Göttingen–Heidelberg 1957.

[3] DEKEN, J.: Computer Images – State of the Art. London 1983.

[4] FEJES TÓTH, L.: Reguläre Figuren. Leipzig 1965.

[5] FRANKE, H. W.: Computergraphik – Computerkunst. Berlin 1985.

[6] KLARNER, D. A.: The mathematical gardner. California 1981.

[7] KLEIN, F.: Das Erlanger Programm. Eingeleitet und mit Anmerkungen versehen von H. WUSSING. Leipzig 1974.

[8] LOCHER, J. L.: De werelden van M. C. Escher. Amsterdam 1971.

[9] LOCHER, J. L.: Leben und Werk M. C. Escher. Eltville 1984.

[10] MAGNENAT-THALMANN, N.; THALMANN, D.: Computer Animation. Theory and Practice. Berlin 1985.

[11] MAGNENAT-THALMANN, N.; THALMANN, D.: Image Synthesis. Theory and Practice. Berlin 1987.

[12] MEYER, F. S.: Handbuch der Ornamentik. Leipzig 1986.

[13] MÜLLER, E.: Gruppentheoretische und strukturanalytische Untersuchung der maurischen Ornamente aus der Alhambra in Granada. Rüschlikon 1944.

[14] OSTWALD, W.: Die Harmonie der Formen. Leipzig 1922.

[15] OSTWALD, W.: Die Welt der Formen. Entwicklung und Ordnung der gesetzlich-schönen Gebilde. Leipzig 1922–1925.

[16] POLYA, G.: Über die Analogie der Kristallsymmetrie in der Ebene. Z. Kristallogr. Mineralog. Petrogr. Abt. A 60 (1924), 278–282.

[17] SPEISER, A.: Die Theorie der Gruppen von endlicher Ordnung. 2. Aufl. Berlin 1927; 4. Aufl. 1956.

[18] WERLER, K. H.: Probleme der grafischen Datenverarbeitung. Berlin 1974.

[19] DROST, D.; DAMM, H.; HARTWIG, W.: Ornament und Plastik fremder Völker. Afrika, Ozeanien, Sibirien. Leipzig 1964.

[20] HEIDENREICH, L.: Leonardo. Berlin 1943.

Namen- und Sachverzeichnis

Abbildung der Ebene in sich 19
ABEL, N. H. 42
Abstand 17
additive Gruppe der ganzen Zahlen
 48
ARCHIMEDES 13
Archimedische Mosaike 113
ARISTOTELES 5
Assoziativität 42
Auf-Abbildung 19

Bandornament 71
Bewegung 23
Bewegungsgruppe der Ebene 42
Bild 19
Brüstungsfeld 84
Brüstungsrosette 84
Buchstabenmuster 72

CAUCHY, A. L. 42
Computergrafik 133
Computerkunst 133
COXETER, H. S. M. 118

DARWIN, C. 5
DEKEN, J. 133
diedrale Gruppe 56
direktes Produkt 74
diskrete Bewegungsgruppe 90
Dreiecksungleichung 17
duales Parkett 115
DÜRER, A. 9

eineindeutige Abbildung 19
Einselement 42
Elementarzelle 91
Erlanger Programm 15
ERNST, B. 117
ESCHER, M. C. 117 ff.

Fachwerkstreifen 80

Faktorgruppe 69
Fakultät 45
FEDOROV, E. S. 15, 118
FEJES TÓTH, L. 73, 92
Fixpunkt 20
Flechtband 84
FRANKE, H. W. 133
Friesachse 71
Friesdrehung 71
Friesgleitspiegelung 72
Friesgruppe 71
Friesornament 71
Friesspiegelung 72

GALOIS, E. 42
GAUSS, C. F. 9, 42
Geradenspiegelung 27
gerichtete Strecke 18
Gittermasche 91
Gleitspiegelung 38
Grätenmuster 72
Gruppenaxiome 42

halbreguläre Mosaike 113
Hintereinanderausführung von
 Abbildungen 20
HUGO, V. 8

Identität 20
Index einer Untergruppe 68
inverse Elemente 43
Isometrie 20
– von Gruppen 47
Isomorphie 47
Isomorphismus 51

KEPLER, J. 13
KLEIN, F. 15
kollinear 16, 19
Koordinatenpaar 16

Lagrangescher Teilersatz 50, 63
LEONARDO DA VINCI 9f.
Logarithmen 49

MAGNENAT-THALMANN, N. 133
MANN, T. 8
MÜLLER, E. 118
multiplikative Gruppe der reellen
   Zahlen 49

NIGGLI, P. 106f.
Normalteiler 67

Orbit 90
Ornamentgruppen 70
OSTWALD, W. 133
Ostwaldscher Drehling 137
– Spiegeling 137

Permutation 44
POLYA, G. 15, 106f.
POLYKLET 5
Potenzen von Gruppenelementen
   49
Potenzregeln 49
PYTHAGORAS 10

Rosettengruppen 64

SCHOENFLIES, A. 15
Schubspiegelung 38
selbstinvers 29
SPEISER, A. 15, 102, 113
Strahl 17
Strecke 17
Streckenlänge 17
Streifenband 83
Streifenornament 71
Symmetrie 5
– von Ornamenten 64
Symmetriesysteme 64
symmetrische Gruppe 44

THALMANN, D. 133
Transformation 19
Transformationsgruppe 44
Translation 18
Translationsgitter 91

Untergruppe 63
Urbild 19

Verschiebung 18

Wandmustergruppe 73

Zyklen 45
zyklische Gruppe 51

Abb. 54. a) Halbkugeliges, mit Ornamenten geschmücktes Gefäß aus Kamerun

Abb. 54. b) Zwei mit Ornamenten geschmückte Gefäße aus Neuguinea

Abb. 54. c) Wandfries am Haus der Ministerien in Jerewan

Abb. 54. d) Eingangstor zum Haus der Ministerien in Jerewan

Abb. 96. a) Grabplatten im Kloster Gegard (in der Nähe von Jerewan)

Abb. 96. b) Wandfries an der Ruine der Zitadelle von Erebuni

Abb. 97. a) Geflochtener Korb aus Äthiopien

Abb. 97. b) Satteldecke aus der Jakutischen ASSR

Abb. 98. a) Aus Palmenfasern gewebter Stoff aus dem Kongo-Gebiet

Abb. 98. b) Aus Bananenblattstreifen gewebte Matte von den Karolinen-Inseln

Abb. 98. c) Kissenbezug aus Dahomey

MATHEMATISCHE SCHÜLERBÜCHEREI

**Lang, Faszination Mathematik/Ein Wissenschaftler
stellt sich der Öffentlichkeit**
Nr. 138   141 Seiten   666 457 4

**Lehmann, Mathematik – von der Pflicht zur Kür/
Prüfungs- und Übungsaufgaben, Knobeleien
und Lösungshinweise**
Nr. 130   147 Seiten   666 253 6

Miller, Gelöste und ungelöste mathematische Probleme
Nr. 73   96 Seiten   665 673 4

**Schreiber, Die Mathematik und ihre Geschichte
im Spiegel der Philatelie**
Nr. 68   117 Seiten   665 984 7

**Schröder, Kartenentwürfe der Erde/Kartographische
Abbildungsverfahren aus mathematischer
und historischer Sicht**
Nr. 128   168 Seiten   666 460 3

Schröder, Mathematik im Reich der Töne
Nr. 106   111 Seiten   666 078 4

Sedláček, Einführung in die Graphentheorie
Nr. 40   171 Seiten   665 105 2

Smogorschewski, Lobatschewskische Geometrie
Nr. 96   75 Seiten   665 842 2

Thiele, Mathematische Beweise
Nr. 99   176 Seiten   665 919 3

KLEINE NATURWISSENSCHAFTLICHE BIBLIOTHEK
(Mathematik)

Bakelman, Spiegelung am Kreis
Bd. 6   132 Seiten   665 735 8

Wilenkin, Methoden der schrittweisen Näherung
Bd. 5   108 Seiten   665 723 5

BSB B. G. TEUBNER VERLAGSGESELLSCHAFT LEIPZIG